Heidelberger Taschenbücher Band 148

Josef Schurz

Physikalische Chemie der Hochpolymeren

Eine Einführung

Springer-Verlag
Berlin · Heidelberg · New York 1974

Professor Dr. J. Schurz
Institut für Physikalische Chemie
der Universität Graz
Heinrichstraße 28
A-8010 Graz/Österreich

Mit 76 Abbildungen

ISBN-13: 978-3-540-06708-5   e-ISBN-13: 978-3-642-65847-1
DOI: 10.1007/978-3-642-65847-1

Das Werk ist urheberrechtlich geschützt. Die dadurch begründeten Rechte, insbesondere die der Übersetzung, des Nachdruckes, der Entnahme von Abbildungen, der Funksendung, der Wiedergabe auf photomechanischem oder ähnlichem Wege und der Speicherung in Datenverarbeitungsanlagen bleiben, auch bei nur auszugsweiser Verwertung, vorbehalten.

Bei Vervielfältigungen für gewerbliche Zwecke ist gemäß §54 UrhG eine Vergütung an den Verlag zu zahlen, deren Höhe mit dem Verlag zu vereinbaren ist.

© by Springer-Verlag Berlin · Heidelberg 1974

Library of Congress Catalog Card Number 74-2946.

Die Wiedergabe von Gebrauchsnamen, Handelsnamen, Warenbezeichnungen usw. in diesem Werk berechtigt auch ohne besondere Kennzeichnung nicht zu der Annahme, daß solche Namen im Sinne der Warenzeichen- und Markenschutz-Gesetzgebung als frei zu betrachten wären und daher von jedermann benutzt werden dürften.

Vorwort

Dieses Buch will fortgeschrittenen Studenten der Chemie und Physik eine erste Einführung in die Physikalische Chemie der Hochpolymeren geben. Zu diesem Zweck werden die wichtigsten Prinzipien, Gesetze und Methoden dargestellt. Die Auswahl ist nicht einheitlich, sie wird dort etwas breiter, wo nach unserer Ansicht die heute zur Verfügung stehenden Bücher etwas zu knapp sind. Auch der Rheologie ist mehr Raum gegeben als dies üblich ist. Für das Verhalten von flüssigen und festen Polymeren sind rheologische Gesichtspunkte so wichtig, daß uns eine einigermaßen ausführliche Behandlung auch in einem Einführungsbuch vertretbar erschien. Dagegen wurden auf Kinetik und Statistik der Polymerisation verzichtet, da es über diese Spezialfragen genügend gute Bücher gibt. Dem Charakter als Einführungsbuch entsprechend wurde auf die Angabe von Originalliteratur verzichtet; wer sich tiefer in das Thema einarbeiten will, wird ohnehin zunächst zu den im Anhang angegebenen ausführlicheren Lehr- und Handbüchern greifen, wo er genügend Wegweiser zur Originalliteratur findet. Der Autor hofft, daß dieses Buch dazu beitragen wird, die zentrale Stellung physikalisch-chemischer Methoden für die Untersuchung der Hochpolymeren gebührend herauszustellen.

Josef Schurz

Inhaltsverzeichnis

I. Einleitung 1

II. Der flüssige Zustand 8

2.1 Die verdünnte Lösung 8
2.2 Ideale und nicht ideale Lösungen. Die partiellen Größen . . 9
2.3 Thermodynamik der Lösung 11
2.4 Thermodynamische Einteilung von Lösungstypen 12
2.5 Chemisches Potential und Aktivität 13
2.6 Die freie Mischungsenthalpie 15
2.7 Die ideale Mischungsentropie 16
2.8 Die Mischungsentropie bei Polymeren 17
2.9 Die Mischungswärme 19
2.10 Die Flory-Huggins Theorie 22
2.11 Aktivität und Dampfdruck 25
2.12 Die kolligativen Eigenschaften 26
2.13 Abweichungen vom idealverdünnten Verhalten. Virialentwicklung 29
2.14 Permeabilität osmotischer Membranen. Fließgleichgewichte . 33
2.15 Phasentrennung in Polymerlösungen 36
2.16 Mehrkomponenten-Systeme. Fraktionierte Fällung 40
2.17 Typen von Polymer-Lösungen 43
2.18 Die Konformation von Knäuelmolekülen 44
2.19 Der Kuhnsche Ersatzknäuel 46
2.20 Die Persistenzlänge 47
2.21 Die Krümmungspersistenz 48
2.22 Die Verknäuelungskraft 49
2.23 Reale Knäuel 52
2.24 Rheologie von verdünnten Partikel-Lösungen 55
2.25 Die verschiedenen Viskositätsfunktionen 57

2.26 Die Ermittlung der Grenzviskositätszahl 58
2.27 Aussagen der Grenzviskositätszahl bei starren Teilchen . . 61
2.28 Die Grenzviskositätszahl von Knäuelmolekülen 64
2.29 Molekulargewichtsbestimmung aus der Grenzviskositätszahl 65
2.30 Die Ermittlung von Knäueldimensionen aus der
     Grenzviskositätszahl 66
2.31 Strömungsdoppelbrechung 68
2.32 Viskosität von Polyelektrolyten und geladenen Teilchen . . 71
2.33 Die Rheologie von Flüssigkeiten vom Netzwerk-Typ
     Netzwerk-Lösungen, Dispersionen, Schmelzen 76
2.34 Die Netzwerk-Lösungen 79
2.35 Platzwechselkonzept und Temperaturabhängigkeit 79
2.36 Die Fließkurven 80
2.37 Die Struktur von Netzwerklösungen 83
2.38 Das scheinbare statistische Fadenelement 85
2.39 Allgemeines über Transportvorgänge 87
2.40 Diffusion 89
2.41 Sedimentation 93
2.42 Transport im elektrischen Feld (Elektrophorese) 99
2.43 Die Streuung von Licht- und Röntgenstrahlen 102
2.44 Die Röntgenkleinwinkelstreuung 103
2.45 Streuung von sichtbarem Licht 109
2.46 Kritische Opaleszenz 113
2.47 Quasielastische Streuung (Laser beat spectroscopy) 115
2.48 IR- und UV-Spektroskopie 116
2.49 Optische Rotationsdispersion und Circulardichroismus . . . 119
2.50 Kernmagnetische Resonanz-Spektroskopie 121
2.51 Elektronenspin Resonanz-Spektroskopie 122

III. Der feste Zustand 123

3.1 Kristallinität bei Polymeren 123
3.2 Röntgen-Strukturanalyse von kristallinem Material 128
3.3 Optische Doppelbrechung 134
3.4 Die Morphologie von Kristallen bei Polymeren 135
3.5 Kristallinitätsbestimmung aus dem spezifischen Volumen . . 138
3.6 Kristallinitätsbestimmung mit Hilfe der IR-Spektroskopie . 140
3.7 Kristallinitätsmessung mit Hilfe der NMR-Spektroskopie . 140
3.8 Der Schmelzpunkt 141
3.9 Kristallisationskinetik 143
3.10 Der Glaszustand 144

3.11 Der gummielastische Zustand 148
3.12 Thermodynamische Betrachtung der Gummielastizität . . . 155
3.13 Phasenübergänge und mesomorphe Zustände (Mesophasen) . 158
3.14 Thermoanalyse 161
3.15 Die thermomechanischen Kurven 163
3.16 Lineare Viskoelastizität 166
3.17 Viskoelastische Modelle 172
3.18 Mechanische Spektroskopie 178
3.19 Festigkeit und Bruchvorgang 182

Anhang (Literatur) 186

Sachverzeichnis 187

I. Einleitung

Ein Polymer-Molekül ist aus vielen kleinen Einheiten aufgebaut. Diese Einheiten nennt man Mere oder Grundbausteine. Ein einzelner Grundbaustein ist daher ein Mono-meres. Ist die Zahl der Grundbausteine in einem Molekül sehr groß, so spricht man von Polymeren, Hochpolymeren oder von Makromolekülen. Die Gestalt dieser Moleküle ist extrem; so kann ein hochpolymeres Polyäthylen, das aus 3000 Grundbausteinen besteht, als ein Faden aufgefaßt werden, der eine Länge von 7500 Å und dabei einen Durchmesser von nur etwa 2 Å besitzt. Bei einem wirklichen Faden von 1 mm Dicke entspräche das einer Länge von 3,75 m. Ein solcher Faden wird naturgemäß, wenn nicht besondere Kräfte auf ihn einwirken, eine regellos, aber vielfach gewundene, verknäuelte Gestalt haben; man spricht deshalb auch von Knäuelmolekülen. Treten innerhalb dieses langen Molekülfadens besondere Kräfte auf, so können sie freilich auch eine bestimmte, fixierte Gestalt bedingen. Bei Proteinen wird z.B. häufig eine spiralige Aufwicklung erzwungen, die als „Helix" bezeichnet wird. An die Helix-Gestalt der Vererbungsmoleküle Desoxyribonukleinsäure (DNA) sei erinnert.

Wir halten also fest: ein Makromolekül besteht aus einer großen Anzahl von Grundbausteinen, die durch Hauptvalenzen zu einem einzigen Molekül zusammengefügt sind. Die Zahl der Grundbausteine im Molekül nennt man den *Polymerisationsgrad P*. Ist das Molekulargewicht der Grundeinheit m_0, so kann man das *Molekulargewicht* des Makromoleküls M ausrechnen nach

$$M = P \cdot m_0.$$

Dabei wird allerdings vernachlässigt, daß jedes Makromolekül an jedem seiner Enden eine etwas abweichende Gruppierung trägt, die man als *Endgruppen* bezeichnet. Infolge der großen Zahl der Grundbausteine kann man aber die etwas von m_0 verschiedenen Molekulargewichte der Endgruppen gleich m_0 setzen und gelangt so zu der obigen

Formel. Die Länge der Makromolekülkette L kann man ähnlich errechnen; ist die Länge eines Grundbausteines l_0, so wird

$$L = P \cdot l_0 = \frac{M}{m_0} \cdot l_0.$$

Das Makromolekül wird aus den Monomeren hergestellt (aufgebaut); beim Aufbauprozeß können die Monomeren chemische Veränderungen erfahren, so daß Monomeres und Grundbaustein chemisch meist nicht mehr identisch sind.

Die Aufbauprozesse heißen

Polymerisation,
Polykondensation und
Polyaddition.

Erfolgt die Verknüpfung der Grundbausteine linear (das heißt, nur über bifunktionelle Einheiten), so erhält man Kettenmoleküle. Finden drei oder mehrfunktionelle Verknüpfungen statt, so bilden sich Verzweigungen; man spricht dann von verzweigten Makromolekülen. Zuletzt können auch durchgehende, meist dreidimensionale Netzwerke gebildet werden; man redet dann von vernetzten Makromolekülen.

Auch die Grundbausteine können variiert werden. Wird nur eine Sorte davon verwendet, so spricht man von *Homopolymeren.* Werden mehrere Sorten Grundbausteine zusammengebaut, so erhält man *Copolymere.* Copolymere können wiederum nach verschiedenen Prinzipien aufgebaut sein. Die Reihenfolge der Grundbaustein-Sorten kann beliebig sein, oder aber auch geordnet; man nennt diese Reihenfolge die *Sequenz.* Auch die räumliche Ordnung der Aneinanderfügung der Grundbausteine kann variieren; erfolgt diese zufällig, so spricht man von statistischen Hochpolymeren, folgt sie einer Ordnung, so nennt man die Makromoleküle sterisch geordnet oder *stereospezifisch.*

Die Polymerketten, die durch Hauptvalenzen aneinandergefügt sind, heißen die Hauptketten oder das Rückgrat. Im allgemeinen bestehen diese Ketten aus Folgen von Kohlenstoff-Atomen. Obwohl die Kohlenstoff-Makromoleküle bei weiten die häufigsten sind — sowohl bei den natürlichen als auch bei den synthetischen Hochpolymeren — sind auch andere Elemente imstande, für sich oder mit Kohlenstoff abwechselnd in die Hauptkette eines Makromoleküls eingebaut zu werden; Beispiele sind Stickstoff, Sauerstoff und Silicium. Man nennt Ketten, die nur eine Art von Atomen enthalten, *Isoketten;* solche mit mehreren *Heteroketten.*

Somit bilden *chemische Bindungen* (kovalente Hauptvalenzen; Bindungslänge 1–2 Å, Bindungsenergie bis 100 kcal/mol) den Zusammenhalt der Hauptketten. Diese werden untereinander durch *Nebenvalenzen* zusammengehalten; als solche finden wir Dispersionskräfte, Dipolwechselwirkungen und induzierte Dipolwechselwirkungen (3–5 Å, 0,5–5 kcal/mol), sehr häufig auch Wasserstoffbrücken (2,5 Å, bis 10 kcal/mol). Heteropolare Bindungen (Ionenkräfte; 1–2 Å, bis 100 kcal/mol) kommen selten vor (Ionomere). Infolge ihrer großen Zahl pro Makromolekül können diese Nebenvalenzkräfte sehr stark werden; im Zusammenwirken mit der geometrischen Gestalt der Hauptkette können sie sogar kristalline Ordnung erzwingen. Als Folge dieser Bindungsverhältnisse finden wir bei Hochpolymeren typische *Aggregatzustände*, die sich von jenen, die wir bei niedermolekularen Substanzen antreffen, unterscheiden. So tritt der Gaszustand bei Hochpolymeren überhaupt nicht auf; jedes Makromolekül wird zersetzt, bevor es in den Gaszustand übergehen könnte. Ein Aggregatzustand, der auch bei Makromolekülen den Gaszustand imitiert, ist jener der verdünnten Lösung; daher ist dieser Zustand auch besonders günstig für die Untersuchung der gelösten Moleküle. Die hochverdünnte Lösung („ideal"-verdünnt) ist hier etwas ähnliches wie das ideale Gas bei den Niedermolekularen.

Der flüssige Zustand wird repräsentiert durch Makromoleküle von ziemlich niedrigem Molekulargewicht; diese können öl- oder syrupartige Flüssigkeiten bilden. Wird das Molekulargewicht größer, so finden wir den plastischen Zustand. Hier sind die Hochpolymeren zwar eigentlich flüssig, doch ist die Viskosität so hoch, daß man das Fließen nur im Verlauf von vielen Stunden merkt. Daß es sich bei solchen Stoffen, die äußerlich oft wie feste Körper aussehen, doch um Flüssigkeiten handelt, merkt man, wenn sie als Werkstoffe eingesetzt im Laufe längerer Zeiten einer Belastung nicht standhalten, sondern einfach wegfließen. Ein wichtiger flüssiger Zustand bei Mischphasen ist die konzentrierte Lösung (Gellösung), die ebenfalls sehr hohe Viskositäten aufweist.

Der feste Aggregatzustand ist bei Hochpolymeren durch den Kristall und das Glas repräsentiert. Der *Kristall* stellt gittermäßig geordnete Moleküle dar; infolge der Länge der Makromoleküle ist es meist nicht möglich, daß diese in ihrer gesamten Länge Kristalle bilden. Man findet so vielmehr Kristallite, die in eine amorphe Matrix eingebettet sind; man spricht hier von mikrokristallinen (teilweise kristallinen) Zustand mit kristallinen und amorphen Bereichen. Einkristalle findet man nur bei recht geringem Molekulargewicht. Der Glaszustand stellt eine eingefrorene Flüssigkeit dar; infolge hoher Viskosität und sonstiger Hemmung kann es hier nicht zur Ausbildung von Kristalliten kommen. Schließlich kennen wir bei den Hochpolymeren noch einen weiteren Aggregatzustand, der für sie typisch ist und bei Niedermolekularen überhaupt nicht vorkommt. Das ist der gummielastische Zustand, wie wir ihn von unseren natürlichen und synthetischen Kautschuksorten kennen.

Bei der Herstellung von Hochpolymeren gelingt es meist nicht, die Polymerisation so zu lenken, daß alle gebildeten Moleküle dieselbe Länge haben. Wenn man daher das *Molekulargewicht* eines wirklichen Hochpolymeren angeben will, wird man stets einen Mittelwert angeben müssen. Je nach der Art der Mittelwertbildung unterscheidet man verschiedene Terme; gewöhnlich bildet man das erste, zweite und dritte Moment und nennt diese dann das Zahlenmittel M_n, Gewichtsmittel M_w und z-Mittel M_z des Molekulargewichtes. Haben wir im Gemisch N_i Moleküle der Sorte i mit dem Molekulargewicht M_i vorliegen, so erhalten wir folgende Formeln:

$$M_n = \frac{\sum N_i M_i}{\sum N_i},$$

$$M_w = \frac{\sum N_i M_i^2}{\sum N_i M_i},$$

$$M_z = \frac{\sum N_i M_i^3}{\sum N_i M_i^2}.$$

Die Tatsache, daß in einem realen Hochpolymeren verschiedene Moleküle gleicher chemischer Zusammensetzung aber verschiedener Größe vorliegen (polymerhomologes Gemisch) nennt man Polydispersität, Polymolekularität oder *Molekulargewichtsverteilung* (MGV). Man gibt diese am besten in Form einer Verteilungskurve graphisch an, wobei man auf die Abszisse das jeweilige Molekulargewicht oder den Polymerisationsgrad, und auf der Ordinate dessen Bruchteil, die sogenannte *Verteilungsfunktion* aufträgt. Gibt man die Anzahl der Moleküle bzw. Mole in 1 g Gesamtsubstanz an, so erhält man die Häufigkeitsverteilung $h(P)$. Weiters kann man die Gewichtsanteile jeder Molekülsorte auftragen, wieder bezogen auf 1 g Gesamtsubstanz; diese Funktion nennt man die differentielle Massenverteilung $H(P)$. Schließlich kann man auch auftragen, wieviele Moleküle vom Polymerisationsgrad Null bis P_i jeweils vorhanden sind; diese Funktion ist die integrale Massenverteilung $I(P)$. In Abb. 1 sind diese Funktionen schematisch dargestellt und einige Beziehungen zwischen ihnen angegeben.

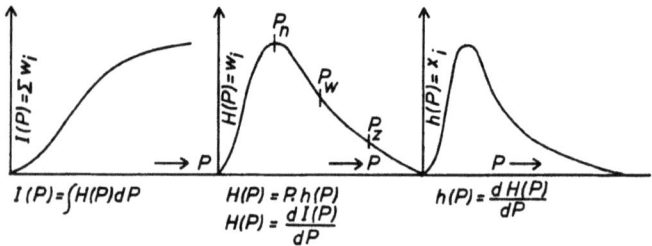

Abb. 1. Schematische Darstellung verschiedener Verteilungsfunktionen

Bei Vorliegen einer Molekulargewichtsverteilung müssen die Mittelwerte, die höheren Momenten entsprechen, größer sein. Allgemein gilt daher

$$M_z > M_w > M_n \quad \text{bzw.} \quad P_z > P_w > P_n,$$

wobei P_n etwa dem Maximum von $H(P)$ entspricht (Abb. 1). Die genannten Funktionen beziehen sich jeweils auf 1 g Gesamtsubstanz; wir sprechen auch von der Häufigkeit $h(P) = N_p$, und dem Massenanteil $m_p = H(P)$. Natürlich kann man die jeweiligen Anteile auch durch die bekannten Funktionen des Molenbruchs x und des Gewichtsbruchs w angeben. Verstehen wir unter N_p die Zahl der Moleküle mit dem *Polymerisationsgrad* P, unter $N = \sum_i N_{pi}$ die Gesamtzahl aller Moleküle, und unter N_0 die Gesamtzahl der Grundeinheiten (das ist die Zahl der Monomeren vor der Polymerisation), so erhalten wir für den Molenbruch x_p bzw. den Gewichtsbruch w_p der Moleküle vom Polymerisationsgrad P die Ausdrücke:

$$x_p = \frac{N_P}{\sum N_{Pi}} = \frac{N_P}{N},$$

$$w_p = \frac{N_P \cdot M_P}{\sum N_i M_i} = \frac{N_P M_P}{N_0 m_0} = \frac{N_P P m_0}{N_0 m_0} = \frac{N_P}{N_0} \cdot P.$$

In einigen Fällen kann die Molekulargewichtsverteilung analytisch angegeben werden. Häufig findet man die sogenannte wahrscheinlichste Verteilung:

$$x_P = p^{P-1}(1-p); \quad \frac{N_P}{N_0} = p^{P-1}(1-p)^2; \quad w_i = P \cdot p^{P-1}(1-p)^2$$

N_0: Anzahl der Grundbausteine
N_P: Anzahl der P-meren
x_P: Molenbruch der P-meren
w_P: Gewichtsbruch der P-meren.

Manchmal schreibt man diese Funktion auch in der Form:

$$w_{pi} = P \cdot p^P \cdot (\ln p)^2$$

die mit der obigen identisch ist, da man 1 neben P vernachlässigen kann, und eine Taylor-Entwicklung von $\ln p$ den Wert $(1-p)$ liefert.

In diesen Formeln ist p der *Umsatz*, das ist derjenige Bruchteil von Monomeren, der reagiert hat. Der Umsatz kann maximal 1 werden — nämlich dann, wenn alle Monomeren polymerisiert worden sind. Häufig führt man Polymerisationsreaktionen sehr nahe zum völligen Umsatz, so daß praktisch p meist 1 gesetzt werden darf. Aus der wahrscheinlichsten Verteilungsfunktion kann man für $p \simeq 1$ ausrechnen:

$$P_n = \frac{1}{1-p}; \quad P_w = \frac{1+p}{1-p}.$$

Das Verhältnis M_w/M_n nennt man auch die *Uneinheitlichkeit*; in diesem Fall ergibt sich:

$$\frac{M_w}{M_n} = 1 + p \simeq 2 \quad (\text{für } p \to 1).$$

Häufig versteht man unter Uneinheitlichkeit nicht das obige Verhältnis, sondern die Größe

$$U = \frac{M_w}{M_n} - 1,$$

die hier den Wert 1 annimmt. Für völlig einheitliche Moleküle wäre natürlich $U = 0$ (wegen $M_w = M_n$).

Ähnlich aufgebaut ist die *Schulz-Flory-Verteilung*. Sie lautet:

$$w_p = \frac{(1-p)^{K+1}}{K!} \cdot P^K \cdot p^P.$$

Hier ist K der Kopplungsgrad; er gibt an, aus wieviel unabhängig gewachsenen Teilketten ein Makromolekül besteht. Meist ist K eins, in manchen Fällen kann es auch zwei sein (Rekombination); höhere Werte kommen kaum vor. Für $K = 1$ wird diese Verteilung identisch mit der wahrscheinlichsten Verteilung.

Man kann die wahrscheinlichste Verteilung auch umschreiben in die Form

$$w_p = \frac{P_p}{P_n^2} \cdot e^{-P_p/P_n}$$

mit der man oft einfacher rechnen kann.

Sehr enge Verteilungen beschreibt man häufig durch die *Poisson-Verteilung*:

$$w_p = \frac{z}{z+1} \cdot P_p e^{-z} \cdot \frac{z^{P_p - 2}}{(P_p - 1)!}.$$

Hier ist z die „kinetische Kettenlänge", das ist jener Polymerisationsgrad, der aus einem aktiven Wachstumzentrum gebildet wird. Meist ist $z = P_n$ (bei Rekombination $z = P_n/2$), dann ergibt sich

$$w_p = \frac{P_n^{P_n-2}}{(P_p-1)!} P_p \cdot e^{-P_n}.$$

Zuletzt sei noch darauf hingewiesen, daß die Polymeren infolge ihrer Größe sehr vielfältige Aufbauprinzipien und auch sehr vielfältige Aufgaben realisieren können. Man kann geradezu eine Hierarchie aufstellen, die etwa folgende Stufen umfaßt:

Statistische Polymere,
Statistische Copolymere,
Stereospezifische Polymere und Copolymere,
Information tragende stereospezifische Copolymere.

Während die ersten drei Stufen als Werkstoffe verwendet werden — nämlich als die Baumaterialien der Natur und als die „Kunststoffe" der modernen Polymer-Technologie — stellt die zuletzt aufgeführte Stufe nicht weniger als die Grundlage unseres Lebens dar. Zu ihr gehören die Eiweiße und die Nukleinsäuren, die in ihrer Sequenz jene Information tragen, die zur Aufrechterhaltung des Lebens nötig ist. Somit steht die letzte Stufe im Übergangsfeld zwischen Chemie und Biologie; die höchste Stufe des Makromoleküls ist zugleich die unterste der belebten Organismen; ein Virus ist ein Molekül, aber auch bereits eine Vorstufe zu den Lebewesen. Die Fähigkeit, in ihren Grundbausteinen Information zu speichern, ist eine auf unserer Erde nur den Makromolekülen eigene Eigenschaft, deren Folge es ist, daß es Leben ohne Makromoleküle nicht gibt.

II. Der flüssige Zustand

2.1 Die verdünnte Lösung

Gibt man ein Polymeres zu einem Lösungsmittel, so tritt zuerst Quellung ein; hierauf zerfällt dann das weiterwachsende Gel in kleinere Teilchen und bildet schließlich eine gleichmäßige Lösung. Der Prozeß kann bei Polymeren ziemlich lange dauern. Man kann die Kinetik des Lösevorganges studieren, die Thermodynamik der Gleichgewichtszustände oder der Übergänge, und man kann schließlich die Lösung statistisch-mechanisch betrachten.

Die Lösung stellt einen Sonderfall der Mischung dar. Es werden zwei Phasen, nämlich Lösungsmittel (LM, mit dem Index 1 bezeichnet) und Festkörper (mit Index 2 bezeichnet) vermischt, bis sie ein homogenes System, also eine einzige Phase bilden, die Lösung (L), die nun allerdings aus den beiden Komponenten 1 (LM) und 2 (dem Gelösten, G) besteht. Die Lösung ist eine solche Mischung, bei der eine Komponente (das LM) im Überschuß vorhanden ist.

Von Lösung spricht man, wenn die gelösten Teilchen einzelne Moleküle sind, andernfalls hat man es mit Dispersionen oder Suspensionen zu tun. Für die Angabe der Konzentration c sollte man stets die Dimension g/ml verwenden. Andere Angaben sind

  Mole/l   Molarität
  Mole/kg LM Molalität.

Wichtige Maße für die Zusammensetzung einer Lösung sind

die *Konzentration* c in g Substanz pro ml Lösung,

der *Molenbruch* $x_1 = \dfrac{n_1}{n_1 + n_2}$ n: Zahl der Mole,

$$x_2 = \frac{n_2}{n_1 + n_2} \quad \text{wobei } x_1 + x_2 = 1,$$

und der *Volumenbruch*

$$\phi_1 = \frac{V_1}{V}, \quad \phi_2 = \frac{V_2}{V}, \quad V = V_1 + V_2.$$

Sind n die Molzahlen und v die Molvolumina, so wird

$$\phi_1 = \frac{V_1}{V} = \frac{n_1 v_1}{n_1 v_1 + n_2 v_2}, \quad \phi_2 = \frac{V_2}{V} = \frac{n_2 v_2}{n_1 v_1 + n_2 v_2}.$$

Stehen die Molvolumina im Verhältnis $x = v_2/v_1$ so wird

$$\phi_1 = \frac{n_1}{n_1 + x \cdot n_2}, \quad \phi_2 = \frac{x \cdot n_2}{n_1 + x \cdot n_2}.$$

Für $v_1 = v_2$ und $x = 1$ werden die Volumenbrüche identisch mit den Molenbrüchen.

2.2 Ideale und nicht ideale Lösungen. Die partiellen Größen

Von idealen Lösungen spricht man, wenn die beiden Partner gleich groß sind und keinerlei Kräfte aufeinander ausüben. Man kann dann die Eigenschaften der Lösung nach einer streng additiven Mischungsregel errechnen, und erhält für das Volumen der Mischung V_M:

$$V_M = V_1 + V_2 = n_1 v_1 + n_2 v_2$$

wenn v das Molvolumen und n die Zahl der Mole bezeichnet. Das Molvolumen der Mischung können wir mit Hilfe der Molenbrüche angeben (Abb. 2):

$$v_M = x_1 v_1 + x_2 v_2 = x_1 (v_1 - v_2) + v_2.$$

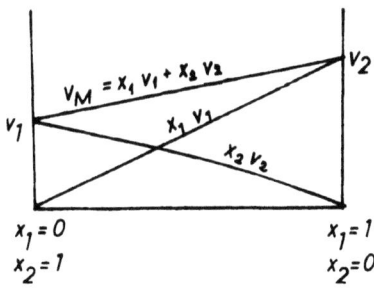

Abb. 2. Additivität bei Mischungen

Analog können wir auch andere Zustandfunktionen, z. B. die freie Enthalpie G, die Enthalpie H, die Entropie S, die Wärmekapazität u.a. zusammensetzen. Die Voraussetzung dieser Additivität ist, daß die addierten Größen unabhängig von der Zusammensetzung des Systems sind. Bei vielen Lösungen ist allerdings diese Bedingung nicht erfüllt. Wenn die Kräfte zwischen 1–2 größer sind als die zwischen 1–1 und 2–2, so kommt es zu einer Überanziehung, und die Mischung wird ein kleineres Volumen einnehmen als unter idealen Bedingungen. Sind dagegen die Kräfte 1–1 und 2–2 größer als die zwischen 1–2, so kommt es zu einer Unteranziehung; die ungleichen Partner 1 und 2 stoßen einander etwas ab, und das Volumen der Mischung wird vergrößert. In diesen Fällen ist das Molvolumen eine Funktion der Zusammensetzung, also der Lösungskonzentration, und man müßte für jede Zusammensetzung andere Zahlenwerte für v einsetzen. Man hat daher die sogenannten partiellen Größen eingeführt; sie stellen die partiellen Ableitungen nach der zu variierenden Größe dar, wobei alle anderen Variablen konstant gehalten werden. So erhalten wir das *partielle Molvolumen* des Lösungsmittels:

$$\left(\frac{\partial V_M}{\partial n_1}\right)_{n_2} = \bar{v}_1 .$$

Ganz allgemein kann man die Definitionsgleichung für die partiellen Größen schreiben:

$$\bar{X}_1 = \left(\frac{\partial X}{\partial n_1}\right)_{T,p,n_2} .$$

Die partielle Größe gibt an, wie sich die Größe mit der Zusammensetzung des Systems ändert; sie stellt daher den Differentialquotienten der gekrümmten Mischungskurve an der in Frage stehenden Stelle dar (Abb. 3):

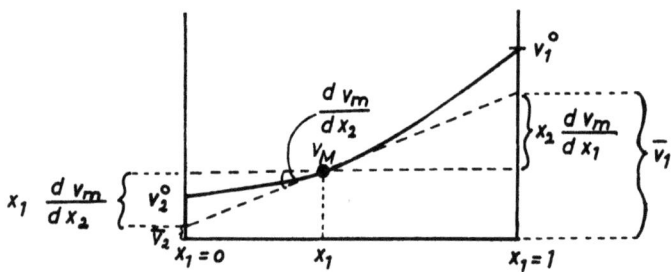

Abb. 3. Nicht ideale Mischung und partielles Volumen

Mit Hilfe der partiellen Größen können wir nun auch für die nicht idealen Lösungen *Mischungsregeln* aufstellen:

$$v_M = x_1 \bar{v}_1 + x_2 \bar{v}_2.$$

Die partiellen Größen unterscheiden sich natürlich von den entsprechenden Größen der Reinsubstanz, die wir mit dem Index 0 versehen:

$$\bar{v}_1 \neq v_1^0.$$

Bringen wir z.B. 1 Mol Lösungsmittel zu einem großen Volumen Lösung (mit $\bar{v}_1$), so tritt eine Volumsänderung von $\Delta \bar{v}_1 = \bar{v}_1 - v_1^0$ ein.

Wie man aus Abb. 3 sieht, kann man das partielle Molvolumen des Gelösten nach folgender Formel berechnen

$$\bar{v}_2 = v_M - x_1 \frac{dv_M}{dx_2},$$

wobei man die Größe dv_M/dx_2 graphisch aus einigen Punkten nahe der gesuchten Stelle x_1 ermittelt. Eine Näherungsformel, die mit den Dichten d arbeitet, ist:

$$\bar{v}_2 = \frac{1}{d_1}\left\{1 - \frac{1}{c_2}(d_M - d_1)\right\}.$$

2.3 Thermodynamik der Lösung

Der Lösungsvorgang ist mit einer Änderung der thermodynamischen Zustandsvariablen verbunden. Nach dem 2. Hauptsatz können wir schreiben:

$$\Delta G = \Delta H - T \Delta S$$

G: freie Enthalpie
H: Enthalpie
S: Entropie
T: Temperatur in °K.

Da jedes System trachtet, seine Enthalpie zu vermindern und seine Entropie zu erhöhen, können wir folgende Fälle unterscheiden:

$\Delta G < 0$ spontaner Vorgang,
$\Delta G = 0$ Gleichgewicht,
$\Delta G > 0$ verbotener Vorgang.

Auf die Auflösung angewandt, erkennen wir zunächst, daß ΔS immer positiv ist, da es sich ja um eine Mischung handelt und der Zustand der Vermischung stets der wahrscheinlichere ist. Dagegen kann die Enthalpie bei der Mischung zunehmen oder abnehmen; je nachdem nennen wir die Mischung:

$\Delta H > 0$ (Enthalpie steigt) endotherm, Wärme wird verbraucht,
$\Delta H < 0$ (Enthalpie sinkt) exotherm, Wärme wird frei.

Diese Betrachtung zeigt übrigens, daß sich bei Lösungen nur dann ein Gleichgewichtszustand einstellen kann, wenn es sich um eine endotherme Lösung handelt. Wegen $\Delta G = 0$ ergibt sich

$$\Delta H = T \Delta S$$

und das ist wegen $\Delta S > 0$ nur möglich, wenn auch $\Delta H > 0$, also bei der Lösung Wärme verbraucht wird (endotherm). Der Gleichgewichtszustand bei einer Lösung ist aber der Zustand der Sättigung. Somit ergibt sich aus dieser Betrachtung der wichtige Befund, daß nur endotherme Lösungen einen Sättigungspunkt haben; exotherme Lösungen dagegen nicht, bei diesen liegt vielmehr in allen Verhältnissen völlige Mischbarkeit und Löslichkeit vor.

2.4 Thermodynamische Einteilung von Lösungstypen

Die Wechselwirkungsenergien zwischen den Lösungspartnern, also w_{11}, w_{22} und w_{12}, bestimmen die Lösungsenthalpie. Die Lösungsentropie wiederum hängt von den Größenverhältnissen und den Anordnungsmöglichkeiten ab. Wenn die beiden Lösungspartner von gleicher Größe sind, kann man den Entropiezuwachs bei Mischung ausrechnen; man nennt dies die ideale Mischungsentropie S_{id}. Bei Polymeren allerdings kommt noch eine Zusatzentropie hinzu, so daß die Mischungsentropie nicht immer der idealen Entropie entspricht. Man kann nun mit Hilfe der thermodynamischen Zustandsgrößen folgende vier Lösungstypen unterscheiden:

ideale Lösung:	$\Delta H = 0$,	$\Delta S = \Delta S_{id}$,	$\Delta G = -T\Delta S_{id}$,
athermische Lösung:	$\Delta H = 0$,	$\Delta S \neq \Delta S_{id}$,	$\Delta G = -T\Delta S$,
reguläre Lösung:	$\Delta H \neq 0$,	$\Delta S = \Delta S_{id}$,	$\Delta G = \Delta H - T\Delta S_{id}$,
irreguläre Lösung:	$\Delta H \neq 0$,	$\Delta S \neq \Delta S_{id}$,	$\Delta G = \Delta H - T\Delta S$.

Die freie Enthalpie der Mischung, d.h. des Lösevorganges, können wir mit Hilfe der partiellen molaren Größen aus den beiden Partnern zusammensetzen. Vermischen wir n_1 Mole Lösungsmittel mit n_2 Molen des Gelösten, so ergibt sich für den Mischvorgang:

$$\Delta G_M = n_1 \overline{\Delta G_1} + n_2 \overline{\Delta G_2}.$$

Wir erkennen somit die freie Enthalpie G als die entscheidende Größe. Wir wollen sie daher einer genaueren Betrachtung unterziehen und dann versuchen, sie über Enthalpie- und Entropiebeiträge zu berechnen.

2.5 Chemisches Potential und Aktivität

Die partielle freie Enthalpie wird auch als das *chemische Potential* μ bezeichnet:

$$\overline{G}_1 = \mu_1.$$

Für das reine Lösungsmittel schreiben wir:

$$G_1^0 = \mu_1^0.$$

Die freie Verdünnungsenthalpie ist dann:

$$\Delta \overline{G}_1 = \overline{G}_1 - G_1^0 = \mu_1 - \mu_1^0.$$

Für ideale Lösungen erhält man, wie in den Lehrbüchern der Thermodynamik abgeleitet wird, den einfachen Zusammenhang:

$$\Delta \overline{G}_1 = \mu_1 - \mu_1^0 = RT \ln x_1.$$

Um auch bei nicht idealen Lösungen diesen einfachen Formulismus zu erhalten, führt man korrigierte Konzentrationen, die sogenannten Aktivitäten a_i ein:

$$\mu_1 = \mu_1^0 + RT \ln a_1 = \mu_1^0 + RT \ln x_1 f_1.$$

Hier ist μ_1^0 zunächst ganz allgemein ein Standardpotential; in unserem Fall soll es das chemische Potential des Lösungsmittels sein. Der Korrekturfaktor f_1 wird Aktivitätskoeffizient genannt:

$$f_1 = a_1/x_1, \quad \text{wobei} \lim_{x_1 \to 1} f_1 = 1,$$

so daß für hochverdünnte Lösungen $a_1 = x_1$ und somit ideales Verhalten angenähert wird. Aktivitätskoeffizient und Aktivität hängen von der Art der Konzentrationsangabe ab; in unserem Fall handelt es sich also um molare Aktivitäten. Bei verdünnten Lösungen kann man näherungsweise schreiben:

$$a_1 = p_1/p_1^0.$$

Man setzt dabei voraus, daß sich die Dämpfe wie ideale Gase verhalten; ist das nicht zulässig, so muß man an Stelle der Dampfdrucke die „Fugazitäten" verwenden, die gewissermaßen für reale Gase „korrigierte" Dampfdrucke darstellen.

Wir können somit die freie Verdünnungsenthalpie mit Hilfe der molaren Aktivität für konstanten Druck und konstante Temperatur schreiben:

$$\Delta \bar{G}_1 = \mu_1 - \mu_1^0 = RT \ln a_1 = RT \ln x_1 + RT \ln f_1.$$

Bezieht man sich auf das Lösungsmittel (betrachtet also μ_1), so ist es sinnvoll, mit dem Molenbruch des Lösungsmittels x_1 zu operieren. Will man andere Komponenten, z. B. gelöste Polymere beschreiben, so geht man besser zu anderen Konzentrationsmaßen über, etwa zur Gewichtskonzentration c in g/ml. Diese ist bei kleinen Konzentrationen dem Molenbruch proportional. Da die Konzentration aber als Logarithmus erscheint, kann die Proportionalitätskonstante in das μ^0 gebracht werden; freilich erhält dieses dadurch eine neue Bedeutung: es ist nämlich das chemische Potential einer idealen Lösung bei der Lösungskonzentration $c = 1$; überdies hängt es von der Konzentrationsangabe ab. Wir wollen es daher μ^c nennen. Damit aber können wir schreiben:

$$\mu_i = \mu_i^c + RT \ln \gamma_i c_i,$$

wobei γ_i nun ein modifizierter Aktivitätskoeffizient ist, der natürlich für die ideale Lösung ebenfalls eins wird.

Übrigens können wir den Aktivitätskoeffizienten auch als Reihe entwickeln. Wir gehen wieder aus von der Beziehung

$$\mu_1 = \mu_1^0 + RT \ln f_1 x_1.$$

Weiters ist $x_1 = 1 - x_2$ und $\ln(1 - x_2) \simeq -x_2 - x_2^2/2 \ldots$, so daß wir erhalten:

$$\mu_1 - \mu_1^0 \simeq -RT(x_2 + \cdots) + RT \ln f_1.$$

Drücken wir nun x_2 durch die Konzentration c_2 aus:

$$x_2 \simeq \frac{c_2 v_1^0}{M_2} \qquad v_1^0: \text{Molvolumen des Lösungsmittels.}$$

Damit ergibt sich:

$$\mu_1 - \mu_1^0 = -\frac{RT v_1^0 c_2}{M_2} + RT \ln f_1.$$

Der Aktivitätskoeffizient und seine erste Ableitung müssen für $c_2 \to 0$ sich dem Wert 1 nähern; außerdem wird f_1 in den meisten Fällen kleiner als eins sein, da es die Aktivität des Lösungsmittels bei endlicher Konzentration c_2 verringert. Daher dürfen wir f_1 in einer negativen Potenzreihe entwickeln:

$$\ln f_1 = -(a \cdot c_2^2 + b \cdot c_2^3 + \cdots).$$

Der Term mit c_2 fällt weg, da für $c=0$ sein muß $f_1=1$ und $\ln f_1 = 0$. Setzen wir dies ein, so erhalten wir

$$\mu_1 - \mu_1^0 = -RT v_1^0 \left\{ \frac{c_2}{M_2} + A_2 c_2^2 + \cdots \right\} = -\frac{RT v_1^0}{M_2} c_2 \{1 + A_2 M_2 c_2 + \cdots\}.$$

Damit haben wir die *Virialentwicklung* des chemischen Potentials des Lösungsmittels abgeleitet. Meist kann man nach dem zweiten Virialkoeffizienten abbrechen, dann erhält man:

$$\mu_1 = \mu_1^0 - \frac{RT v_1^0}{M_2} c_2.$$

Man sieht an dieser Virialentwicklung sofort, daß die Abweichungen von der Idealität umso höher sind, je größer c_2 ist; für die „idealverdünnte Lösung" mit $c_2=0$ fällt der zweite Term weg und wir haben $\mu_1 = \mu_1^0$; das heißt, die idealverdünnte Lösung stellt zugleich eine ideale Lösung dar. Darauf beruht die verbreitete Methode, durch Extrapolation auf $c_2=0$ die der idealen Lösung entsprechenden Werte von Meßgrößen zu gewinnen.

2.6 Die freie Mischungsenthalpie

Die freie Enthalpie der Mischung setzt sich aus den Beiträgen der beiden Mischungspartner zusammen:

$$\Delta G_M = n_1 \Delta \bar{G}_1 + n_2 \Delta \bar{G}_2.$$

Für die ideale Lösung erhalten wir wegen $a=x$

$$\Delta G_M = RT(n_1 \ln x_1 + n_2 \ln x_2)$$

Daraus ergibt sich sofort wegen $\Delta G = \Delta H - T \Delta S$ und, da für ideale Lösungen $\Delta H = 0$, die Mischungsentropie:

$$\Delta S_M = -R(n_1 \ln x_1 + n_2 \ln x_2).$$

Da die Molenbrüche x immer kleiner als Null, ihre Logarithmen also negativ sind, wird der Klammerausdruck stets negativ sein so daß die Mischungsentropie selbst immer positiv sein muß. Das heißt nichts anderes, als daß der Mischungsvorgang zu einer Erhöhung der Entropie, nämlich zu einer Vergrößerung der Unordnung führt. Die Entropieänderung bei der Vermischung würde also zu spontaner Mischung in allen Verhältnissen führen.

2.7 Die ideale Mischungsentropie

Man kann die Entropiezunahme direkt mit der Vermehrung der Anordnungsmöglichkeiten im vermischten Zustand in Zusammenhang bringen. Dazu denkt man sich das System in eine Anzahl von gleichgroßen Gitterplätzen aufgeteilt, deren jeder entweder ein Molekül der

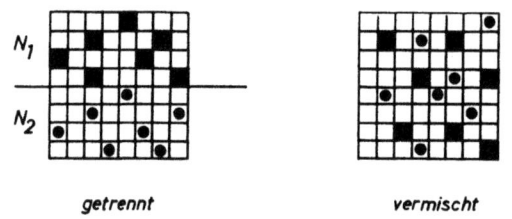

getrennt   *vermischt*

Abb. 4. Das Gittermodell zur Berechnung der Mischungsentropie

Sorte 1 oder ein Molekül der Sorte 2 aufnehmen kann (Gittermodell, Abb. 4). Es seien N_1 Moleküle der Sorte 1, und N_2 der Sorte 2 vorhanden. Durch Abzählen der Möglichkeiten, die Moleküle im Gitter anzuordnen, erhalten wir die thermodynamischen Wahrscheinlichkeiten des jeweiligen Zustandes. Insgesamt sind $N_1 + N_2$ Gitterplätze vorhanden.

Getrennter Zustand: Um die Moleküle 1 auf den N_1 Gitterplätzen anzuordnen, gibt es $N_1!$ Möglichkeiten. Analog für die Moleküle 2 $N_2!$ Möglichkeiten. Diese Zahlen ergeben aber zugleich die Wahrscheinlichkeiten w der entsprechenden Zustände, die über die Boltzmann'sche Gleichung

$$S = k \ln w$$

mit der Entropie zusammenhängen. Wir erhalten so die Entropie des Systems in getrenntem Zustand S_G:

$$S_G = k \cdot \ln w_1 + k \cdot \ln w_2 = k \cdot \ln N_1! + k \cdot \ln N_2! = k \cdot \ln N_1! N_2!.$$

Vermischter Zustand: Im vermischten Zustand fragen wir nach den Anordnungsmöglichkeiten der Moleküle 1 und 2 auf allen Gitterplätzen $N_1 + N_2$. Wir erhalten dafür $(N_1 + N_2)!$ Damit ergibt sich für die Entropie im vermischten Zustand S_V:

$$S_V = k \cdot \ln w_{1+2} = k \cdot \ln(N_1 + N_2)!.$$

Die Mischungsentropie ΔS_M ergibt sich als Differenz:

$$\Delta S_M = S_V - S_G = k \cdot \ln(N_1/N_2)! - k \cdot \ln N_1! N_2! = k \ln \frac{(N_1 + N_2)!}{N_1! N_2!}.$$

Da die N-Werte sehr große Zahlen sind, können wir die obige Gleichung mit Hilfe der Stirlingschen Formel ($\ln N! = N \cdot \ln N - N$) umformen und erhalten:

$$\Delta S_M = -k \left\{ N_1 \ln \frac{N_1}{N_1 + N_2} + N_2 \ln \frac{N_2}{N_1 + N_2} \right\}.$$

Rechnen wir nun noch die Molekülzahlen N in Molzahlen n um ($N = n \cdot N_L$), ebenso k in R ($k \cdot N_L = R$), und führen die Molenbrüche ein, so ergibt sich:

$$\Delta S_M = -R(n_1 \ln x_1 + n_2 \ln x_2) = n_1 \Delta \overline{S}_1 + n_2 \Delta \overline{S}_2.$$

Wir erhalten dieselbe Formel, die wir früher für die ideale Lösung aus der freien Mischungsenthalpie abgeleitet hatten. Wir nennen diese Entropie, die nur durch die Zahl der Anordnungsmöglichkeiten bedingt ist, *Idealentropie*. Die Voraussetzung dafür ist, daß auf den Gitterplätzen sowohl Moleküle der Sorte 1 als auch der Sorte 2 Platz haben, daß also beide Molekülsorten etwa gleich groß sind. Diese Annahme trifft bei Mischungen von niedermolekularen Partnern meist zu. Bei den Hochpolymeren dagegen ist diese Voraussetzung sicher nicht mehr erfüllt, da die Polymermoleküle N_2 viel größer sind als die Lösungsmittelmoleküle N_1.

2.8 Die Mischungsentropie bei Polymeren

Bei Kettenmolekülen ist die Zahl der Anordnungsmöglichkeiten dadurch beschränkt, daß auf einem Gitterplatz nicht das ganze Makromolekül Platz findet. Man kann das dadurch berücksichtigen, daß man im Molenbruch als n_2 nicht die Anzahl der Polymermoleküle, sondern die Anzahl der Grundeinheiten betrachtet, von denen man annimmt, daß sie von gleicher Größe seien wie die Lösungsmittelmoleküle und daher so wie diese genau auf einen Gitterplatz passen. Es tritt dann an die Stelle von n_2 der Ausdruck $P \cdot n_2$, wobei P die Zahl der Grundeinheiten im Makromolekül, nämlich der Polymerisationsgrad, ist. Man kommt auf diese Weise zu den *Volumsbrüchen* ϕ:

$$\phi_1 = \frac{n_1}{n_1 + P \cdot n_2}, \quad \phi_2 = \frac{P \cdot n_2}{n_1 + P \cdot n_2}.$$

Mit Hilfe der Volumsbrüche kann man nun die Mischungsentropie, die mit der Kettennatur (Konformation) der Makromoleküle zusammenhängt (oft Konformationsentropie genannt) in gleicher Weise errechnen und anschreiben wie die Idealentropie, nur daß an Stelle der Molenbrüche die Volumsbrüche treten. Es ergibt sich daher:

$$\Delta S_M = -R(n_1 \ln \phi_1 + n_2 \ln \phi_2).$$

Bei den Polymerlösungen, für die diese Formel gilt, handelt es sich natürlich nicht mehr um ideale Lösungen — die Molekülsorten sind in ihrer Größe sehr verschieden. Die Einführung des Volumsbruchs ist gewissermaßen ein Trick, mit dessen Hilfe die Mischentropie ganz analog zur idealen Lösung berechnet und ausgeschrieben werden kann. Infolge der verminderten Anordnungsmöglichkeiten des Makromoleküls als Folge der Aneinanderbindung der Grundeinheiten ist die Mischungsentropie für die Polymerlösung geringer als die ideale Mischungsentropie, also

$$\Delta S_M < \Delta S_{id}.$$

Man kann dies auch direkt zeigen. Molenbruch und Volumsbruch hängen zusammen nach:

$$\phi_1 = x_1 \cdot \frac{n_1 + n_2}{n_1 + P \cdot n_2}, \quad \phi_2 = x_2 \cdot \frac{P(n_1 + n_2)}{n_1 + P \cdot n_2}.$$

Setzt man im Ausdruck für die Mischungsentropie bei Polymerlösungen für ϕ die obigen Ausdrücke ein, so erhält man nach einigen Umformungen:

$$\Delta S_M = \Delta S_{id} - R[n_2 \ln P - (n_1 + n_2) \ln(1 - x_2 + x_2 P)].$$

Den Ausdruck in eckiger Klammer nennt man auch *Zusatz- oder Exzess-Entropie*. Für $P=1$ wird sie natürlich gleich Null. Bei verdünnten Lösungen wird $x_2 \ll 1$ und man kann als Näherung schreiben:

$$\Delta S_M = \Delta S_{id} - R \cdot n_2 \ln P.$$

Wir haben hier für die Berechnung des Volumenbruches etwas vereinfachend angenommen, daß Lösungsmittel und Grundeinheit des Polymeren gleiches Volumen hätten, also

$$V_2 = P \cdot V_1.$$

Dies trifft nicht genau zu. Exakt definiert ist der Volumenbruch als echtes Volumenverhältnis, wobei

$$V_2 = x \cdot V_1.$$

Hierbei ist zunächst keine Annahme darüber nötig, was man sich unter x vorstellen muß. In unserer Näherung haben wir $x = P$ gesetzt.

2.9 Die Mischungswärme

Als Mischungswärme bezeichnet man die Energieeffekte, die beim Mischen auftreten. Wir arbeiten hier zweckmäßigerweise direkt mit der inneren Energie ΔU, die mit der Enthalpie bekanntlich zusammenhängt nach

$$\Delta U = \Delta H - p \Delta V.$$

Wir gehen wieder vom Gittermodell aus. Wir haben die Moleküle N_1 Dies bezeichnet man als das *Raoultsche Gesetz*. Es ist ein Grenzgesetz, z heißt die Koordinationszahl. Die Wechselwirkungsenergien zwischen den möglichen Molekülpaaren $\widehat{11}$, $\widehat{22}$ und $\widehat{12}$ seien w_{11}, w_{22} und w_{33}. Im Falle der Anziehung ist w negativ, im Falle der Abstoßung positiv. Man kann nun die Kräfte $\widehat{12}$ mit dem Mittel aus den Kräften $\widehat{11}$ und $\widehat{22}$ vergleichen, wobei allerdings noch nicht klar ist, ob man hier besser das arithmetrische oder das geometrische Mittel nimmt. Dieser Vergleich aber gestattet sofort die Mischung nach den auftretenden Energieumsätzen zu charakterisieren. Wir erhalten:

athermisch $w_{12} = \dfrac{w_{11}+w_{22}}{2}$ bzw. $\sqrt{w_{11} \cdot w_{22}}$ $\quad \Delta U = 0$,

endotherm $w_{12} \ll \dfrac{w_{11}+w_{22}}{2}$ bzw. $\sqrt{w_{11} \cdot w_{22}}$ $\quad \Delta U > 0$,

exotherm $w_{12} \gg \dfrac{w_{11}+w_{22}}{2}$ bzw. $\sqrt{w_{11} \cdot w_{22}}$ $\quad \Delta U < 0$.

Die Änderung der Wechselwirkungsenergie beim Mischen errechnen wir nach

$$\Delta w = w_{12} - \frac{w_{11}+w_{22}}{2}$$

für ein Molekülpaar. Da jedes Molekül von z Nachbarn umgeben ist, ist die gesamte Änderung der Wechselwirkungsenergie

$$z \cdot \Delta w.$$

Diese Änderung der Wechselwirkungsenergie tritt auf, wenn ein Molekül 1 in einen großen Überschuß von 2 gebracht wird, so daß es nur von Molekülen der Sorte 2 umgeben ist. Im allgemeinen ist dies jedoch nicht der Fall, und man muß die Zahl der $\widehat{12}$ Paare berechnen. Nimmt man ein „quasichemisches Gleichgewicht" zwischen $\widehat{11}$, $\widehat{22}$ und $\widehat{12}$ Paaren an, so errechnet sich als wahrscheinlichster Wert für die Zahl N_{12} der $\widehat{12}$-Paare näherungsweise:

$$N_{12} = z \cdot \frac{N_1 \cdot N_2}{N_1 + N_2}.$$

Damit ergibt sich für die Mischungsenergie:

$$\Delta U = z \Delta w \cdot \frac{N_1 N_2}{N_1 + N_2} = N_1 \cdot N_2 \cdot z \cdot \Delta w \cdot x_1 \cdot x_2.$$

Auf der anderen Seite ist aber die *molare Verdampfungsenergie* einer Molekülsorte i gerade

$$\Delta U_{i,v} = \frac{z \cdot w_i}{2}.$$

Setzen wir

$$w_{12} = \sqrt{w_{11} \cdot w_{22}} \ll \frac{w_{11}+w_{22}}{2},$$

so erhalten wir

$$z \cdot \Delta w = \Delta U_{1,v} + \Delta U_{2,v} - 2\sqrt{\Delta U_{1,v} \cdot \Delta U_{2,v}} = (\sqrt{\Delta U_{1,v}} - \sqrt{\Delta U_{2,v}})^2,$$

und, wenn wir noch mit der Zahl N_{12} der $\widehat{12}$ Paare multiplizieren:

$$\Delta U_M = \frac{N_1 N_2}{N_1 + N_2} \{\sqrt{\Delta U_{1,v}} - \sqrt{\Delta U_{2,v}}\}^2.$$

Bisher wurde wieder vorausgesetzt, daß die beiden Molekülsorten gleich groß sind und in gleicher Weise auf jeweils einem Gitterplatz untergebracht werden können. Trifft diese Annahme nicht mehr zu, so müssen wir wieder mit den Volumenbrüchen ϕ operieren, und die jeweiligen Verdampfungsenergien auf das Volumen beziehen. Man erhält auf diese Weise (mit V = Gesamtvolumen):

$$\Delta U_M = V \cdot \phi_1 \cdot \phi_2 \left\{ \sqrt{\frac{\Delta U_{1,v}}{V_1}} - \sqrt{\frac{\Delta U_{2,v}}{V_2}} \right\}^2.$$

Die Verdampfungsenergie pro Volumseinheit, $\Delta U_{i,v}/V_i$ bezeichnet man oft als die „*Kohäsionsenergiedichte*", und ihre Quadratwurzel als den „*Hildebrandschen Löslichkeitsparameter*" δ_i:

$$\sqrt{\frac{\Delta U_{i,v}}{V_i}} = \delta_i.$$

Man kann somit schreiben:

$$\Delta U_M = V \cdot \phi_1 \cdot \phi_2 (\delta_1 - \delta_2)^2.$$

Die beschriebene Ableitung geht auf Hildebrand zurück. Man kann damit die Mischungswärme bei endothermer Mischung oder bei athermischer Mischung ($\delta_1 = \delta_2$) beschreiben, für exotherme Mischung versagt sie, da der Ausdruck $(\delta_1 - \delta_2)^2$ nur positiv sein kann.

In der Tabelle 1 sind δ-Werte für einige Lösungsmittel und Polymere eingetragen. Polymere sind löslich, wenn $|\delta_1 - \delta_2|$ kleiner als etwa 2 ist.

Häufig werden die Volumsänderungen beim Mischen vernachlässigt und man schreibt die Mischungsenthalpie

$$\Delta H_M = V \cdot \phi_1 \cdot \phi_2 (\delta_1 - \delta_2)^2.$$

Die partielle molare Mischenthalpie erhält man zu

$$\overline{\Delta H}_1 = H_1 - H_1^0 = \left(\frac{\partial H_M}{\partial n_1}\right)_{T,p,n_2} = v_1 \phi_2^2 (\delta_1 - \delta_2)^2.$$

Tabelle 1

δ von Lösungsmitteln 25 °C

Wasser	23,50	THF	9,52	Toluol	8,91
Äthanol	12,92	DMF	12,14	Tetralin	9,50
Dioxan	10,00	CCln	8,65	Hexan	7,24
DMSO	12,93	Chloroform	9,21	Cyclohexan	8,18
Aceton	9,77	Benzol	9,15		

δ von Polymeren 25 °C

Teflon	6,2	Polybutadien	8,32	Äthylcellulose	8,3
Silikon	7,3	Polyäthylen	8,1	Cell. 2 Acetat	10,9
Naturkautschuk	8,15	PVC	8,88	Nylon 66	13,6
PIB	7,7	PVAc	9,43	PAN	15,4
Polystyrol	9,11	PMMA	9,28	Polyäthylenterephthalat	10,7

2.10 Die Flory-Huggins Theorie

Einen etwas anderen Weg, der nicht frei von empirischen Annahmen ist, beschritten Flory und Huggins. Sie beschreiben zunächst wieder die Konformationsentropie der Makromoleküle beim Mischvorgang mit Hilfe des Volumenbruches

$$\Delta S_M = -R[n_1 \ln \phi_1 + n_2 \ln \phi_2],$$

wobei die Volumenbrüche gegeben sind als

$$\phi_1 = \frac{n_1 v_1}{V} = \frac{n_1}{n_1 + P n_2}; \quad \phi_2 = \frac{n_2 v_2}{V} = \frac{P n_2}{n_1 + P n_2}$$

v_1, v_2: Molvolumina, V: Gesamtvolumen.

Weitere Abweichungen, die infolge von $\widehat{12}$ Wechselwirkungen zustandekommen, werden wieder mit Hilfe eines Gittermodells erfaßt. Es wird angenommen, daß diese Wirkungen auf $\widehat{12}$ Kontakte zurückgehen, daher nur auf kürzeste Distanz wirken, so daß nur jeweils die nächsten

Nachbarn der Gitterzelle betroffen werden. Dann aber muß diese Wirkung proportional sein dem Produkt aus den beiden Volumenbrüchen und dem Gesamtvolumen. Schreiben wir den Proportionalitätsfaktor B, so erhalten wir den Term

$$B \cdot V \cdot \phi_1 \cdot \phi_2 = n_1 B v_1 \phi_2 \quad (\text{wegen } \phi_1 = n_1 v_1/V).$$

Es ergibt sich daher:

$$\Delta G_M = \Delta H_M - T \Delta S_M = n_1 B v_1 \phi_2 - T \cdot \Delta S_M.$$

Der erste Term geht auf die Nahwirkungskontakte zurück, er kann auch als ΔH_M aufgefaßt werden. Der zweite, entropische Term berücksichtigt die Anordnungsmöglichkeiten der Makromoleküle. Setzen wir für die Konformationsentropie ein, so erhalten wir:

$$\Delta G_M = RT \left(n_1 \ln \phi_1 + n_2 \ln \phi_2 + n_1 \frac{Bv_1}{RT} \phi_2 \right).$$

Die Größe

$$\frac{Bv_1}{RT} = \chi$$

nennt man den *Flory-Hugginsschen Wechselwirkungsparameter*. Er enthält den nicht genau definierten Proportionalitätsfaktor B (nicht zu verwechseln mit dem zweiten Virialkoeffizienten), und bekommt daher empirischen Charakter. Damit können wir sehr einfach schreiben:

$$\Delta G_M = RT(n_1 \ln \phi_1 + n_2 \ln \phi_2 + n_1 \chi \phi_2).$$

Das ist die sehr wichtige semiempirische Gleichung von Flory-Huggins. Wir können daraus durch partielle Differentiation die partiellen molaren Größen berechnen:

$$\overline{\Delta G_1} = \frac{\partial(\Delta G_M)}{\partial n_1} = RT \left\{ \ln \phi_1 + \left(1 - \frac{v_1}{v_2}\right) \phi_2 + \chi \phi_2^2 \right\},$$

$$\overline{\Delta S_1} = \frac{\partial(\Delta S_M)}{\partial n_1} = -R \left\{ \ln \phi_1 + \left(1 - \frac{v_1}{v_2}\right) \phi_2 \right\},$$

$$\overline{\Delta H_1} = \frac{\partial(\Delta H_M)}{\partial n_1} = RT \cdot \chi \phi_2^2.$$

Nach der Hildebrandschen Theorie hatten wir früher erhalten

$$\overline{\Delta H}_1 = v_1 \phi_2^2 (\delta_1 - \delta_2)^2.$$

Ein Vergleich mit der obigen Formel liefert:

$$\chi = \frac{(\delta_1 - \delta_2)^2 v_1}{RT}.$$

Auch die *Aktivität* a_1 des Lösungsmittels können wir anschreiben:

$$\ln a_1 = \frac{\overline{\Delta G}_1}{RT} = \ln \phi_1 + \left(1 - \frac{v_1}{v_2}\right) \phi_2 + \chi \phi_2^2.$$

Entwickelt man $\ln \phi_1 = \ln(1 - \phi_2)$ in einer Potenzreihe, so erhält man:

$$\ln a_1 = -\phi_2 \cdot \frac{v_1}{v_2} - (0,5 - \chi) \phi_2^2 - \frac{1}{3} \phi_2^3.$$

Für die ideale Lösung wird $v_1 = v_2$, daher $\phi_1 = x_1$, und $\chi = 0$, so daß wir erhalten:

$$\ln a_1 = \ln \phi_1 = \ln x_1.$$

Das heißt für die ideale Lösung wird

$$a_1 = \phi_1 = x_1.$$

Zuletzt seien noch einige Werte von χ zusammengestellt (Tabelle 2).

Tabelle 2

	χ	$T\,°C$
Cellulosetrinitrat/Aceton	0,27	25
Polyisobutylen/Benzol	0,50	27
Polystyrol/Toluol	0,44	27
PVC/THF	0,14	27
Naturkautschuk/Benzol	0,44	25

2.11 Aktivität und Dampfdruck

Die Aktivität kann durch verschiedene Meßgrößen ausgedrückt werden, zum Beispiel — für verdünnte Lösungen — durch den Dampfdruck:

$$a_1 = p_1/p_1^0.$$

Weiter hängt die Aktivität auch mit dem Molenbruch zusammen. Man kann schreiben:

$$a_1 = f_1 \cdot x_1 \quad f: \text{Aktivitätskoeffizient}.$$

Für ideale Lösungen gilt $f_1 = 1$ und somit $a_1 = x_1$. Also gilt auch

$$p_1/p_1^0 = x_1 \quad \text{bzw.} \quad (p_1^0 - p_1)/p_1^0 = x_2.$$

Dies bezeichnet man als das *Raoultsche Gesetz*. Es ist ein Grenzgesetz, und wird beim Übergang zu verdünnten Lösungen angenähert.

Analog kann man auch für die Aktivität des Gelösten schreiben:

$$a_2 = f_2 \cdot x_2.$$

Dies ist das *Henrysche Gesetz*. Die Konstante f_2 steigt mit abnehmender Lösekraft.

Das *Raoultsche Gesetz* kann man für große Verdünnung ableiten. Nach dem Gesetz von Gibbs-Duhem gilt

$$x_1 \, d\ln a_1 + x_2 \, d\ln a_2 = 0.$$

Setzt man $a_2 = f_2 x_2$ und weiters $dx_2 = -dx_1$ so erhält man

$$x_1 \, d\ln a_2 = dx_1.$$

Bei hochverdünnten Lösungen wird $x_1 \simeq 1$, $f_1 \simeq 1$ und somit auch $a_1 \simeq 1$. Man erhält

$$\lim_{x_1 \to 1} \frac{da_1}{dx_1} = 1,$$

und daraus folgt:

$$a_1 = x_1,$$

nämlich das Raoultsche Gesetz.

Mit Hilfe des Raoultschen Gesetzes kann die Aktivität des Lösungsmittels aus verschiedenen Meßgrößen erhalten werden. Die Lösungsmittelaktivität a_1 wiederum erlaubt es, das Molekulargewicht des Gelösten zu ermitteln. Bei großer Verdünnung ergeben sich besonders einfache Zusammenhänge wegen $w_1 M_1 \gg w_2 M_2$ (w: Gewichtsbrüche). Es gilt nämlich (wenn das Raoultsche Gesetz gilt)

$$a_1 = x_1 = \frac{w_1/M_1}{w_1/M_1 + w_2/M_2}.$$

Wegen $w_1/M_1 \gg w_2/M_2$ kann man w_1/M_1 vernachlässigen, und man erhält:

$$a_2 = 1 - a_1 \simeq \frac{w_2 M_1}{w_1 M_2} = \frac{w_2 \, v_1^0}{M_2 V} = \frac{v_1^0}{M_2} \cdot c_2.$$

Das heißt, man muß nur die Lösungsmittelaktivität a_1 messen, um daraus das Molekulargewicht des Gelösten, M_2, errechnen zu können. Der Gewichtsbruch w_2 ist durch die Einwaage bekannt.

2.12 Die kolligativen Eigenschaften

Als kolligative Eigenschaften einer Lösung bezeichnet man solche, die von der *Zahl der gelösten Teilchen* abhängen. Bei Vorliegen von Polydispersität liefern sie daher das Zahlenmittel der Meßgröße. Hier wollen wir uns mit der Dampfdruckerniedrigung, der Siedepunkterhöhung und Gefrierpunktserniedrigung, und mit dem osmotischen Druck befassen. Alle diese Methoden können verwendet werden, um das Molekulargewicht der gelösten Makromoleküle zu ermitteln.

Der Ausgangspunkt ist stets das Raoultsche Gesetz. Es besagt, daß bei idealen Lösungen der Quotient der Dampfdrucke dem Molenbruch gleich ist:

$$\frac{p_1}{p_1^0} = x_1 = 1 - x_2.$$

Eine Umformung zeigt, daß die relative Dampfdruckerniedrigung dem Molenbruch entspricht:

$$1 - \frac{p_1}{p_1^0} = \frac{\Delta p}{p_1^0} = x_2 = \frac{n_2}{n_1 + n_2}.$$

Bei sehr verdünnten Lösungen ist $n_1 \gg n_2$, und daher ergibt sich:

$$\frac{\Delta p}{p_1} \simeq \frac{n_2}{n_1}.$$

Da n_2 im Vergleich zu n_1 sehr klein wird, wird man es mit extrem kleinen Werten mit $\Delta p/p_1^0$ zu tun haben.

Die Dampfdruckerniedrigung selbst ist nicht einfach zu messen, daher wird sie kaum zur Molekulargewichtsbestimmung herangezogen. Größen, die von ihr abhängen, sind die Siedepunktserhöhung ΔT_s und die Gefrierpunktserniedrigung $-\Delta T_g$, die in den Meßmethoden der Ebullioskopie und der Kryoskopie herangezogen werden. Die Abb. 5 zeigt anschaulich, wie Dampfdruckerniedrigung zur Siedepunktserhöhung und Gefrierpunktserniedrigung führen. Um diese Effekte zu berechnen, muß man allerdings noch einen

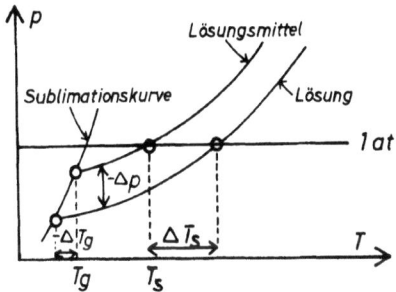

Abb. 5. Dampfdruckerniedrigung, Gefrierpunktserniedrigung und Siedepunktserhöhung

Zusammenhang zwischen Dampfdruck und Temperatur haben. Dieses ist durch die Gleichung von Clausius und Clapeyron gegeben:

$$\frac{dp}{dT} = \frac{\Delta H}{\Delta V \cdot T}.$$

Hier ist ΔH die Enthalpie des Schmelzens bzw. Verdampfens, und ΔV die bei diesem Phasenübergang auftretende Volumsänderung. Da aber das Produkt $dp\Delta V$ zugleich eine reversible Arbeit ist, also der freien Enthalpie des Vorganges entspricht, gilt weiter:

$$dp\Delta V = \Delta \bar{G}_1 = \frac{\Delta H}{T} dT.$$

Zugleich ist aber:

$$\frac{\Delta \bar{G}_1}{RT} = \ln a_1 = \ln x_1 = \ln(1 - x_2) \simeq -x_2,$$

wobei $\ln(1-x_2)$ in einer Reihe entwickelt wurde.

Wir erhalten

$$\overline{\Delta G}_1 = RT\ln a_1 \simeq -RTx_2,$$

mit $x_2 = v_1 c_2/M_2$ und $v_1 = M_1/d_1$ (wenn wir für dT nun ΔT schreiben):

$$-\Delta T = \frac{RT^2}{\Delta H} \cdot \frac{v_1}{M_2} c_2 = \frac{RT^2 M_1}{\Delta H d_1 M_2} \cdot c_2 \qquad d_1: \text{Dichte des Lösungsmittels,}$$

wobei beim Gefrieren ein $-\Delta T$, beim Sieden ein $+\Delta T$ auftritt. Für Hochpolymere wird das ΔT allerdings sehr klein, so daß die Methode nur für Molekulargewichte unter 5000 sinnvoll ist.

Eine weitere Meßgröße ist der *osmotische Druck*. Werden eine Lösung und das reine Lösungsmittel durch eine „semipermeable" Membran getrennt, die zwar die Moleküle des Lösungsmittels durchläßt, die des Polymeren jedoch zurückhält (etwa in einer Anordnung entsprechend Abb. 6, die man Osmometer nennt), so wird infolge der Ver-

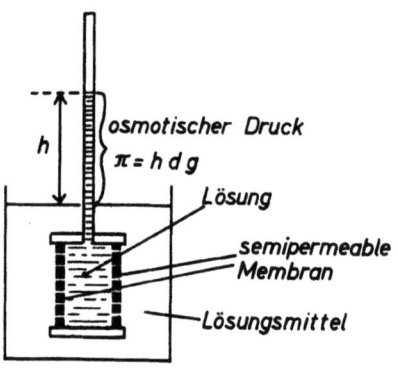

Abb. 6. Ein Osmometer, schematisch

mischungstendenz Lösungsmittel durch die Membran in die Lösung wandern. Dadurch entsteht in der Lösung ein Überdruck, der osmotische Druck; der ganze Vorgang heißt Osmose. Der osmotische Druck ist jener Druck, durch den die partielle freie Energie $\overline{G}_1$ in der Lösung auf den Wert des reinen Lösungsmittels G_1^0 erhöht wird, also

$$G_1^0 = \overline{G}_1 + \int\limits_0^\pi \left(\frac{\partial \overline{G}_1}{\partial p}\right)_{T,x_1} dp,$$

wenn wir den osmotischen Druck mit π bezeichnen. Wird das Integral ausgeführt, so ergibt sich mit $(\partial \overline{G}_1/\partial p)_{T,x_1} = \overline{v}_1$ (durch Differentiation von $G_1 = \overline{v}_1 \cdot p$) und mit der plausiblen Annahme $(\partial \overline{v}_1/\partial p) \approx 0$ die Beziehung:

$$G_1^0 - \overline{G}_1 = \overline{\Delta G}_1 = RT \ln a_1 = -\pi \overline{v}_1.$$

Mit $\ln a_1 = \ln(1 - x_2) \simeq -x_2$ und der Näherung $\overline{v}_1 = v_1$ (das Molvolumen des Lösungsmittels) erhalten wir schließlich mit $x_2/v_1 = c_2/M_2$:

$$\pi = RT \frac{x_2}{v_1} = \frac{RT}{M_2} \cdot c_2.$$

Übrigens kann man durch Messung der Temperaturabhängigkeit des osmotischen Druckes die thermodynamischen Zustandsvariablen $\overline{\Delta H}_1$ und $\overline{\Delta S}_1$ getrennt erfassen. Es gilt ja:

$$-\pi = \frac{\overline{\Delta G}_1}{v_1} = \frac{\overline{\Delta H}_1}{v_1} - T \cdot \frac{\overline{\Delta S}_1}{v_1}.$$

Bildet man die Differentialquotienten:

$$-\frac{d\pi}{dT} = -\frac{\overline{\Delta S}_1}{v_1},$$

$$-\frac{d(\pi/T)}{d(1/T)} = \frac{\overline{\Delta H}_1}{v_1},$$

so sieht man sofort, daß die Steigung der Temperaturabhängigkeit von π direkt die partielle molare Enthalpie pro Molvolumen $\overline{\Delta H}_1/\overline{v}_1$, und die reziproke von π/T die partielle molare Entropie pro Molvolumen, $\overline{\Delta S}_1/\overline{v}_1$, ergibt.

2.13 Abweichungen vom idealverdünnten Verhalten. Virialentwicklung

Das bisher behandelte ideale Verhalten trifft für unendliche Verdünnung zu. Bei endlichen Konzentrationen kommt es infolge von Wechselwirkungseffekten zu Abweichungen. Binäre Wechselwirkungen sind proportional c^2, ternäre c^3, so daß es nahe liegt, diese Abweichungen durch eine Potenzreihe in c zu beschreiben. Man kann daher z. B. den osmotischen Druck als Reihe schreiben:

$$\pi = RT\left[\frac{c_2}{M_2} + A_2 c_2^2 + A_3 c_2^3 + \cdots\right].$$

Eine solche Reihe nennt man *Virialentwicklung*, und die Konstanten A_2, A_3 etc. die *Virialkoeffizienten*. Sehr häufig kann man die Reihe nach dem quadratischen Glied abbrechen. Betrachtet man dann zusätzlich noch die sogenannten „reduzierten" Meßgrößen — das heißt die durch die Konzentration dividierten — so erhält man eine Gerade, die benützt werden kann, um die reduzierte Meßgröße auf die Konzentration Null und somit auf ideales Verhalten zu extrapolieren (Abb. 7). Für den osmotischen Druck erhält man:

$$\frac{\pi}{c_2} = RT\left[\frac{1}{M_2} + A_2 \cdot c_2 + \cdots\right].$$

Abweichungen von der Geradlinigkeit deuten an, daß bereits höhere als binäre Wechselwirkungen vorliegen; man kann aber immer so kleine

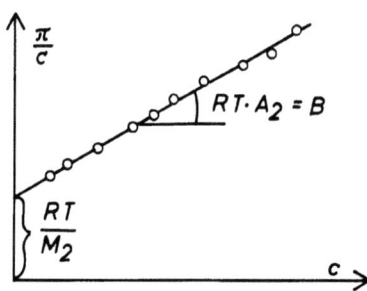

Abb. 7. Virialdarstellung für den osmotischen Druck und Extrapolation auf $c=0$

Konzentrationen wählen, daß die lineare Extrapolation möglich ist. Die Steigung der Geraden ist dann der zweite Virialkoeffizient; er ist umso größer, je besser das Lösungsmittel (im thermodynamischen Sinne) ist. Der zweite Virialkoeffizient wird oft auch B geschrieben, wobei $B = RTA_2$ (nicht zu verwechseln mit der Proportionalitätskonstante B auf Seite 23).

Auch andere kolligative Eigenschaften können durch Virialentwicklungen korrigiert werden. Für die Siedepunktserhöhung kann man z. B. schreiben:

$$\frac{\Delta T}{c_2} = \frac{R T^2 v_1}{\Delta H_1} \left[\frac{1}{M_2} + A_2 \cdot c_2 + \cdots \right].$$

Man hat vielfach versucht, die Virialkoeffizienten, insbesondere den zweiten, für verschiedene Molekülgestalten zu berechnen. Vernachlässigt man die Mischungswärme, so kann man für starre Teilchen den durch nichtideale Mischungsentropie verursachten zweiten Virialkoeffizienten errechnen nach:

$A_2 = \dfrac{4}{V_2 d_2^2}$ Starre Kugel,

$A_2 = \dfrac{1}{V_2 d_2^2} \cdot \dfrac{L}{D}$ Starres Stäbchen mit Länge L und Durchmesser D,

$A_2 = \dfrac{4f}{V_2 d_2^2}$ Ellipsoid, $f = 1 + \dfrac{1}{15} \varepsilon^4 + \cdots$ mit $\varepsilon = \left(\dfrac{1 - b^2}{a^2} \right)^{\frac{1}{2}}$;

a lange Achse, b kurze Achse.

Für Knäuelmoleküle erhalten wir den zweiten Virialkoeffizienten aus der Flory-Huggins Theorie. Aus der Reihenentwicklung

$$\overline{\Delta G}_1 = R T \ln a_1 = -R T \phi_2 \frac{v_1}{v_2} - R T (0,5 - \chi) \phi_2^2 - \cdots$$

erhalten wir:

$$\frac{\pi}{\phi_2} = \frac{R T}{v_2} + \frac{R T}{v_1} (0,5 - \chi) \phi_2 + \cdots.$$

Benützen wir nun noch die Umrechnungen $\phi_2 = c_2/d_2$, $d_2 = M_2/v_2$, $x_1/v_1 = c_2/M_2$, und setzen wir $\overline{v}_1 \simeq v_1$, so erhalten wir schließlich:

$$\frac{\pi}{c_2} = R T \left[\frac{1}{M_2} + \frac{d_1}{d_2^2 M_1} (0,5 - \chi) \cdot c \right].$$

Koeffizientenvergleich liefert:

$$A_2 = \frac{d_1}{d_2^2 M_1} (0,5 - \chi) = \frac{v_2^2}{M_2^2 v_1} (0,5 - \chi).$$

Für die ideale Lösung ist natürlich $A_2 = 0$.

In realen Lösungen werden durch die Virialkoeffizienten nichtideale Entropien und energetische Wechselwirkungen (Mischungswärmen) berücksichtigt. Man müßte daher eigentlich die Virialkoeffizienten in einen Entropieanteil und in einen Enthalpieanteil aufspalten. Dies kann man tun durch den Ansatz:

$$A_2 = A_{2,H} + T \cdot A_{2,S}.$$

Der Term $A_{2,S}$ wird immer positiv sein. $A_{2,H}$ dagegen kann positive und negative Werte annehmen, je nachdem ob die Wechselwirkungen $\widehat{12}$ eine Anziehung oder Abstoßung bedeuten. Im guten Lösungsmittel tritt Anziehung auf, daher wird $A_{2,H} > 0$, im schlechten Abstoßung und $A_{2,H} < 0$. Für schlechte Lösungsmittel muß es daher eine Temperatur geben, für die gilt

$$-A_{2,H} = T \cdot A_{2,S},$$

so daß $A_2 = 0$ wird. Solche Lösungen nennt man *pseudoideal*; die entsprechende Temperatur nennt man die Theta-Temperatur $T = \theta$. Man spricht auch von θ-Lösungsmitteln oder dem θ-Zustand. Natürlich ist der pseudoideale Lösungszustand weit vom idealen entfernt, die Moleküle liegen vielmehr stark verknäuelt vor und sind nahe am Ausfällpunkt. Aus dem Zusammenhang zwischen A_2 und χ entnehmen wir, daß im θ-Punkt gelten muß: $\chi = 0{,}5$. Anschaulich gesprochen kompensiert im θ-Punkt die gegenseitige Anziehung der Kettensegmente des Makromoleküls gerade die infolge gegenseitiger Durchdringung reduzierte Anzahl von Konformationsmöglichkeiten.

Die Flory-Huggins Theorie liefert für A_2:

$$A_2 = (0{,}5 - \chi) \cdot \frac{1}{d_2^2 v_1}.$$

Für die obige Zerlegung muß auch das χ in einen Enthalpie-Term χ_H und einen Entropie-Term χ_S zerlegt werden: $\chi = \chi_H + \chi_S$. Damit kann man schreiben:

$$A_{2,H} = -\chi_H \cdot \frac{1}{d_2^2 v_1},$$

$$A_{2,S} = (0{,}5 - \chi_S) \cdot \frac{1}{d_2^2 v_1}.$$

In der Schreibweise der Flory-Theorie wird:

$$\chi_H = K_1 \quad \text{und} \quad \chi_S = 0{,}5 - \psi_1.$$

Häufig hat man empirisch einen Zusammenhang nach

$$A_2 = K' \cdot M^{-\mu}$$

gefunden, wobei μ in guten Lösungsmitteln etwa 0,25 und in schlechten kleiner ist.

Messen wir also in idealen Lösungsmitteln den osmotischen Druck, so können wir daraus sofort das Molekulargewicht des gelösten Polymeren errechnen, und zwar das Zahlenmittel.

Es ist instruktiv, sich die Größenordnungen der kolligativen Effekte klarzumachen. Für ein Polymeres (z.B. Polystyrol) in Benzol mit $M = 10^4, c = 0,01$ g/ml (also 1 %) erhält man den Molenbruch $x_2 \simeq 8 \cdot 10^{-5}$. Man sieht, daß der Molenbruch des Lösungsmittels hier praktisch eins ist; daraus geht hervor, daß der Molenbruch bei Polymeren keine gute Konzentrationsangabe darstellt! Für die Volumenbrüche erhält man $\phi_1 = 0,99$ und $\phi_2 = 8 \cdot 10^{-3}$.

Für dieses System wird man nun folgende Meßgrößen finden:

Dampfdruckerniedrigung: $p_1^0 = 100$ mm Hg $\Big\}$ 26 °C,
$\qquad\qquad\qquad\qquad\quad p_1 = 99,9922$ mm Hg

Gefrierpunktserniedrigung: $-\Delta T_g = 0,0051$ °C,

Siedepunktserhöhung: $\Delta T_s = 0,0025$ °C,

Osmotischer Druck: $\pi = 2,5 \cdot 10^4 \, dyn/\text{cm}^2 \simeq 28$ cm Steighöhe
(die Steighöhe h erhält man aus $\pi = hdg$, wobei die Dichten von Lösung und Lösungsmittel gleichgesetzt werden dürfen).

Man sieht, daß die Dampfdruckerniedrigung extrem klein ist. Auch die Gefrierpunktserniedrigung und die Siedepunktserhöhung sind sehr gering. Der osmotische Druck dagegen liefert einen deutlichen und leicht und genau meßbaren Effekt. Solange die Molekulargewichte nicht allzu groß werden, ist die osmotische Methode also sehr gut geeignet, um Molekulargewichte von Hochpolymeren zu bestimmen.

2.14 Permeabilität osmotischer Membranen. Fließgleichgewichte

Die Bedingung der „Semipermeabilität" ist bei osmotischen Membranen nie ideal erfüllt. Das heißt, neben den Lösungsmittelmolekülen werden sie immer auch kleinere Polymeren-Moleküle durchlassen. Das bewirkt, daß der osmotische Druck zwar zunächst ansteigt, aber dann infolge Diffusion von Polymer-Molekülen wieder fällt; die Extrapolation auf die Zeit Null würde den „wahren" Wert des osmotischen Druckes liefern. Verwendet man zur Berechnung des Molekulargewichtes nicht diesen „wahren" extrapolierten Wert, so schneidet man an der Verteilungskurve des Polymeren die kurzkettigen Anteile ab, und das mittlere Molekulargewicht fällt zu groß aus.

Häufig stellt sich infolge dieser Diffusionsvorgänge nicht ein echtes Gleichgewicht ein, sondern ein stationäres Ungleichgewicht. Solche Zustände charakterisieren die sogenannten Fließgleichgewichte und können mit Hilfe der Thermodynamik irreversibler Prozesse beschrieben werden. Das Verhältnis von echtem Gleichgewicht und stationärem Ungleichgewicht hängt vom *Selektivitätskoeffizienten* σ ab nach:

$$\frac{\pi_{\text{stationär}}}{\pi_{\text{Gleichgewicht}}} = \sigma[1-(1-\sigma)\phi_2 + \cdots].$$

Zugang zum Selektivitätskoeffizienten liefert eine genauere Betrachtung über die Thermodynamik der irreversiblen Prozesse.

Bei irreversiblen Prozessen wird dauernd freie Enthalpie dissipiert („entwertet"); das entspricht einer Entropieproduktion. Die entscheidende Größe in der Thermodynamik der irreversiblen Prozesse ist nun die zeitliche Entropieproduktion dS/dt. Als Maß hat man die Dissipations-Funktion ϕ:

$$\phi = T \cdot \frac{dS}{dt}$$

(für isotherme Vorgänge ist ϕ direkt die Dissipation von freier Energie infolge der irreversiblen und dissipativen Vorgänge). Die *Dissipations-Funktion* ϕ ergibt sich als Summe der Beiträge aller irreversiblen Vorgänge, wobei jeder Vorgang als Produkt von zwei Termen geschrieben werden kann, einen „Fluß" J und eine „Kraft" X. Wir erhalten also für i solcher Vorgänge:

$$\phi = \sum_i J_i X_i.$$

Die „Flüsse" J können sich z. B. auf den Transport von Masse, Wärme oder Elektrizität beziehen. Sind die wirkenden „Kräfte" konstant, so stellt sich ein stationärer Ungleichgewichtszustand ein: ein „Fließgleichgewicht". Es besitzt eine konstante Entropie; das heißt, die infolge der dissipativen Prozesse produzierte Entropie muß durch eine zugeführte negative Entropie bzw. freie Enthalpie kompensiert werden. Stationäre Zustände sind daher nur für offene Systeme möglich; isolierte adiabatische Systeme streben einem Gleichgewicht zu, oder sie explodieren. Das Charakteristikum der stationären Ungleichgewichtssysteme ist, daß ihre Entropieproduktion minimal ist (Prigogine).

Schreiben wir die mit der Umgebung ausgetauschte Entropie S_e, die durch die irreversiblen Vorgänge produzierte S_i, so gilt für den stationären Ungleichgewichtszustand:

$$dS = dS_e + dS_i = 0,$$

bzw.

$$dS_e = -dS_i \quad \text{mit} \quad dS_i/dt = \text{Min}!.$$

Nun wollen wir das Gesagte auf die Osmose anwenden. Es besteht dort über die trennende Membran hinweg sowohl ein Konzentrationsgefälle als auch ein Druckgefälle. Das Konzentrationsgefälle Δc bedingt einen Diffusionsfluß J_d, das Druckgefälle Δp einen Volumenfluß J_v:

Druck $\quad p_1 | p_2 \to \Delta p \quad$ Volumen-Fluß J_v
Konzentration $\quad c_1 | c_2 \to \Delta \pi \quad$ Diffusions-Fluß J_d.

Die Thermodynamik der irreversiblen Prozesse lehrt, daß zusammen auftretende Flüsse miteinander gekoppelt sind, so daß jeder Fluß von beiden Gefällen abhängt. Wir erhalten, wenn die Proportionalitätskonstanten mit L geschrieben werden:

$$J_v = L_{11} \cdot \Delta p + L_{12} \Delta \pi,$$
$$J_d = L_{21} \cdot \Delta p + L_{22} \Delta \pi.$$

Nach Onsager aber ist $L_{ij} = L_{ji}$, so daß die Zahl der Konstanten auf drei vermindert wird. Aus den obigen Beziehungen sieht man sofort, daß auch bei $\Delta p = 0$, also ohne Druckunterschied, ein Volumenfluß (Lösungstransport) existiert, und daß auch bei $\Delta \pi = 0$ (also $c_1 = c_2$) Diffusion erfolgt; beides wegen der Existenz der gemischten Konstanten $L_{12} \equiv L_{21}$, die man auch *Kopplungskoeffizienten* nennt.

Die Konstante

$$L_{11} = (J_v/\Delta p)_{\Delta \pi = 0}$$

wird *Filtrationskoeffizient* der Membran genannt, die Konstante

$$L_{12} = (J_v/\Delta \pi)_{\Delta p = 0}$$

osmotischer Koeffizient. Der Zusammenhang zwischen Δp und $\Delta \pi$ wird somit für den stationären Zustand, in dem kein Volumstransport mehr stattfindet, also $J_v = L_{11}\Delta p + L_{12}\Delta \pi = 0$ zu

$$\Delta p = -\frac{L_{12}}{L_{11}}\Delta \pi$$

gefunden. Der Ausdruck

$$-\frac{L_{12}}{L_{11}} = \sigma$$

aber stellt den *Selektionskoeffizienten* dar.

Für die ideale Membran ist $\sigma = 1$; hier wird $-\Delta p = \Delta \pi$, was sich auch aus der Gleichgewichtsbetrachtung $J_v = 0$ für $\Delta p = -\Delta \pi$ ergibt. Bei realen Membranen ist $\sigma < 1$, das heißt, der maximale Druck ist kleiner als es der Druck im echten Gleichgewicht sein würde. Es gelten folgende Bedingungen:

$\sigma = 1$ ideale Membran,
$\sigma < 1$ Gelöstes geht durch,
$\sigma = 0$ überhaupt keine Selektivität.

2.15 Phasentrennung in Polymerlösungen

Wird in einer Polymerlösung das Lösungsmittel durch Temperaturerniedrigung oder durch Zusatz eines Nichtlösungsmittels (Fällungsmittels) thermodynamisch verschlechtert, so tritt schließlich Phasentrennung ein. Dabei scheidet sich aus dem nahezu reinen Lösungsmittel eine Polymerphase ab, die Polymeres hochgequollen in Lösungsmittel enthält. Diese Phasentrennung ist die Grundlage aller Fraktionierungen und Fällungen. Ihre Gesetzmäßigkeiten können aus thermodynamischen Prinzipien berechnet werden.

Trägt man die freie Mischungsenthalpie als Funktion des Molenbruches auf, so erhält man häufig Kurven von der Art der Abb. 8. Wie man sich leicht überzeugt, ist hier in allen Fällen (für alle x_i) die freie Enthalpie der Mischung kleiner als die Summe der freien Enthalpien der reinen Komponenten im unvermischten Zustand, also:

$$\Delta G_M = n_1 \overline{\Delta G_1} + n_2 \overline{\Delta G_2} < n_1 G_1^0 + n_2 G_2^0.$$

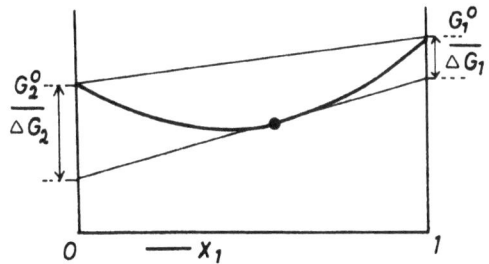

Abb. 8. Mischungskurve mit vollkommener Mischbarkeit

Das bedeutet aber, daß in allen Fällen die Mischung bevorzugt ist; diese Kurve repräsentiert also vollkommene Mischbarkeit über den gesamten Konzentrationsbereich. Phasentrennung wird hier nicht erfolgen. Hat dagegen die Kurve die Gestalt der Abb. 9, so haben die beiden Punkte x_1' und x_1'' gleiche Werte von $\overline{\Delta G}_1$ und $\overline{\Delta G}_2$, sie stehen also im Gleichgewicht miteinander. Dagegen ist bei Punkten zwischen x_1' und x_1'' die freie Enthalpie der Mischung größer als die Summe aus den Reinkomponenten, also

$$G_M = n_1 \overline{\Delta G}_1 + n_2 \overline{\Delta G}_2 > n_1 G_1^0 + n_2 G_2^0,$$

so daß für diesen Zwischenbereich die reinen Phasen gegenüber der Mischung thermodynamisch bevorzugt sind: es wird also Entmischung, somit Phasentrennung eintreten. Das Gebiet der Phasentrennung wird durch die beiden Minima x_1' und x_1'' eingegrenzt. Wird durch Temperaturerhöhung die Güte des Lösungsmittels verbessert, so rücken die

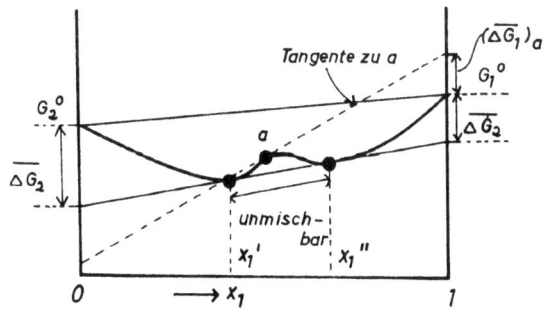

Abb. 9. Mischungskurve mit unvollkommener Mischbarkeit (zwischen x' und x'' tritt Entmischung auf)

Minima immer enger zusammen, bis sie schließlich bei einer bestimmten Temperatur T_c zu einem einzigen Punkt zusammenfallen (Abb. 10). Diesen Punkt nennt man die kritische Temperatur oder *Konsolut-*

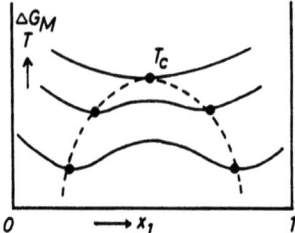

Abb. 10. Kritische (Konsolut)-Temperatur T_c

Temperatur. Sie stellt in der Abb. 10 das Maximum der Kurve dar und heißt obere Konsolut-Temperatur.

Nach den Regeln der Extremwert-Rechnung ist der Konsolut-Punkt durch folgende Bedingungen charakterisiert:

$$\left(\frac{\partial^2 \Delta G_M}{\partial x_1^2}\right) = 0, \quad \left(\frac{\partial^2 \Delta G_M}{\partial x_2^2}\right) = 0; \quad \left(\frac{\partial^3 \Delta G_M}{\partial x_1^3}\right) = 0, \quad \left(\frac{\partial^3 \Delta G_M}{\partial x_2^3}\right) = 0,$$

bzw. (da die $\overline{\Delta G_i}$ selbst schon Differentiale darstellen):

$$\frac{\partial \ln a_1}{\partial \phi_2} = 0, \quad \frac{\partial^2 \ln a_1}{\partial \phi_2^2} = 0.$$

Wendet man dies z. B. auf die aus der Flory-Huggins Theorie resultierenden Ausdrücke an, z. B. auf

$$\ln a_1 = \frac{\overline{\Delta G_1}}{RT} = \ln \phi_1 + \left[1 - \frac{v_1}{v_2}\right]\phi_2 + \chi \phi_2^2,$$

so erhält man „kritische" Werte für ϕ_2 und χ; das sind jene Werte, bei denen Phasentrennung erstmalig auftritt. Man erhält somit als Bedingung für die Phasentrennung (den Fällungspunkt):

$$(\phi_2)_c = \frac{1}{1+\sqrt{v_2/v_1}} = \frac{1}{1+\sqrt{P}},$$

$$\chi_c = \frac{1}{2} + \sqrt{v_1/v_2} + v_1/2v_2 = \frac{1}{2} + \frac{1}{\sqrt{P}} + \frac{1}{2P}.$$

Da $v_2/v_1 = P$ bei Polymeren gewöhnlich sehr groß ist, muß $(\phi_2)_c$ einer hohen Verdünnung entsprechen. Außerdem wird χ_c sich umso mehr dem Wert 0,5 annähern, je kleiner $v_1/v_2 = 1/P$ wird. Für $v_2/v_1 = P \to \infty$ geht die Fällungstemperatur T_c in die Theta-Temperatur θ über, also

$$T_c = \theta,$$
$$P \to \infty.$$

Die Temperatur θ erweist sich somit als wichtige Größe in der Theorie der Phasentrennung. Der Zusammenhang zwischen T_c und θ ist gegeben als

$$\frac{1}{T_c} = \frac{1}{\theta}\left[1 + \frac{1}{\psi}\left(\sqrt{v_1/v_2} + \frac{v_1}{2v_2}\right)\right] = \frac{1}{\theta}\left[1 + \frac{1}{\psi}\left(\frac{1}{\sqrt{P}} + \frac{1}{2P}\right)\right],$$

wobei ψ ein weiterer wichtiger Parameter ist, der (nach Flory) mit Enthalpieeffekten beim Mischen zusammenhängt. Man kann die obige Formel vereinfachen (da $v_2/v_1 \sim P$ sehr groß ist) zu

$$\frac{1}{T_c} \simeq \frac{1}{\theta}\left[1 + \frac{C}{\sqrt{P}}\right].$$

Trägt man also $1/T_c$ gegen $1/\sqrt{P}$ (bzw. $1/\sqrt{M}$) auf, so liefert der Ordinatenabschnitt $1/\theta$. Dies ist zugleich eine praktische Methode zur Bestimmung von θ: man bestimmt für Proben verschiedener Molekulargewichte den Fällungspunkt, erkennbar an der nicht mehr verschwindenden Trübung (daher auch Trübungspunkt genannt). Der *Trübungs-*

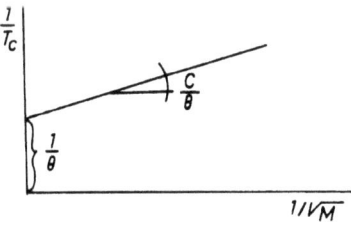

Abb. 11. Ermittlung des θ-Punktes aus Fällungspunkten (Konsolut-Temperaturen T_c)

punkt ist das T_c. Man führt nun nach Abb. 11 die Extrapolation auf $M \to \infty$ bzw. $1/\sqrt{M} \to 0$ durch und erhält somit $1/\theta$.

Gewöhnlich ist ψ positiv, dann ist die Lösung endotherm (Lösungswärme wird verbraucht), und θ ist die niedrigste Lösungstemperatur; das heißt, Temperaturerhöhung macht das Lösungsmittel besser. In seltenen Fällen (z. B. Polyacrylsäure/Dioxan) kann ψ auch negativ sein. Dann ist die Lösung exotherm, θ ist die höchste Lösungstemperatur, die Löslichkeit sinkt mit steigender Temperatur, und oberhalb von θ erfolgt Ausfällung.

Da der Parameter χ als Funktion der Temperatur ein Minimum aufweist, gibt es zwei kritische Werte χ_c. Dementsprechend finden wir auch zwei kritische Temperaturen. Neben der früher erwähnten „oberen" gibt es noch eine zweite „untere" Konsolut-Temperatur, die das Minimum einer zur Waagrechten konkaven Kurve darstellt (Abb. 12). Meist ist bei Polymeren nur die obere Konsolut-Temperatur praktisch zugänglich.

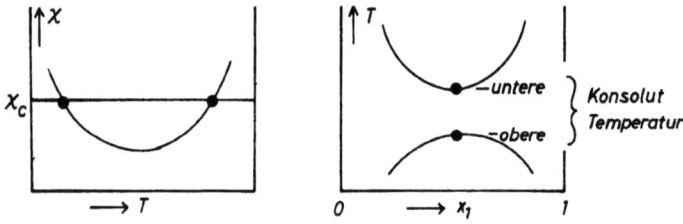

Abb. 12. Temperaturabhängigkeit von χ und „untere" und „obere" Konsolut-Temperatur (beachte: die „untere" Konsolut-Temperatur liegt höher als die „obere")

2.16 Mehrkomponenten-Systeme. Fraktionierte Fällung

Hat in einer Polymerlösung Phasentrennung stattgefunden, so liegt das ausgefallene Polymere als in Lösungsmittel hochgequollenes Gel vor, während die überstehende Lösung ebenfalls noch gelöstes Polymeres enthält. Nach der Phasenregel hat ein solches, aus zwei Phasen und zwei Komponenten bestehendes System 2 Freiheitsgrade, ist also durch Druck und Temperatur festgelegt. Da Lösung und Gel im Gleichgewicht stehen, muß die Bedingung erfüllt sein, daß die partielle freie Enthalpie (das chemische Potential) jeder Komponente in jeder Phase gleich ist, so daß beim Übergang kein ΔG auftreten kann. Bezeichnen wir das Lösungsmittel der verdünnten Lösungsphase mit $\overline{\Delta G}_1$, in der Gelphase $\overline{\Delta G}'_1$ so gilt:

$$\overline{\Delta G}_1 = \overline{\Delta G}'_1,$$

und analog gilt auch:
$$\overline{\Delta G_2} = \overline{\Delta G'_2}.$$

Weiters müssen auch die Aktivitäten gleich sein:

$$\ln a_2 = \ln \phi_2 + \left[1 - \frac{v_2}{v_1}\right]\phi_1 + \frac{v_2}{v_1}\chi\phi_1^2 = \ln a'_2.$$

Da aber das Verhältnis v_2/v_1 der Molekülgröße, also P entspricht, ergibt sich sofort, daß jede Molekülsorte eine andere Aktivität aufweisen wird. Betrachten wir das Verhältnis der Volumsbrüche in der Lösung und im Gel für eine bestimmte Molekülsorte M_i, so erhalten wir:

$$\ln \frac{\phi_i}{\phi'_i} = [1 - P_i](\phi'_i - \phi_1) + P_i \chi [(\phi'_1)^2 - \phi_1^2]$$
$$\simeq P_i \{(\phi_1 - \phi'_1) - \chi [\phi_1^2 - (\phi'_1)^2]\}.$$

Oder, mit $A' = (\phi_1 - \phi'_1) - \chi(\phi_1^2 - \phi_1'^2)$ und $A = A' \cdot m_0$,

$$\frac{\phi_i}{\phi'_i} \simeq e^{AM_2} \simeq e^{-\sigma M_2} \quad \text{mit} \quad \sigma = -A'.$$

Das heißt, der Verteilungskoeffizient ϕ'_i/ϕ_i sinkt exponentiell mit der Kettenlänge; bei größerem M ist weniger in der LM-Phase (der überstehenden Lösung), das heißt, daß die großen Moleküle bei Phasentrennung zuerst ausfallen werden. Die Molekulargewichtsverteilung ist also in beiden Phasen verschieden, die großen Moleküle sind in der Gelphase angereichert. Diese Tatsache nützt man in der fraktionierten Fällung zur Trennung von Molekülen verschiedener Kettenlänge aus, wobei die Verschlechterung des Lösungsmittels und damit die Phasentrennung durch Erniedrigung der Temperatur bis zu T_c oder durch Zusatz eines Nichtlösers, des sogenannten Fällungsmittels, herbeigeführt wird.

Arbeitet man mit einem Fällungsmittel, so hat man es mit einem ternären System zu tun, das man übersichtlich in einem Dreieckdiagramm darstellt (Abb. 13). Die eingezeichneten Binodalkurven hängen vom Molekulargewicht ab; auf ihnen sind die beiden Phasen im Gleichgewicht.

Aus der Theorie ergeben sich für die Fraktionierung folgende Schlüsse:

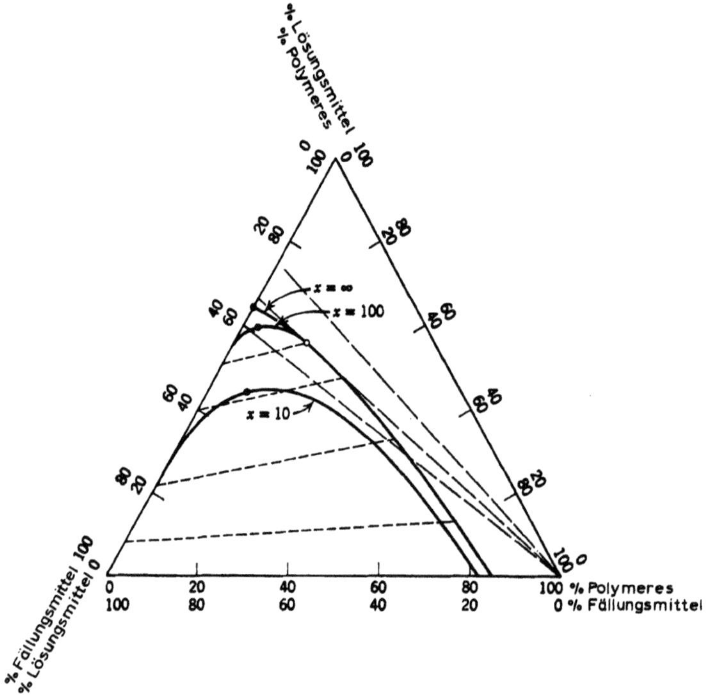

Abb. 13. Ternäres Phasendiagramm für das System Polymeres/Lösungsmittel/Fällungs-
mittel mit Binodalkurven für $x = 10$, 100, und ∞

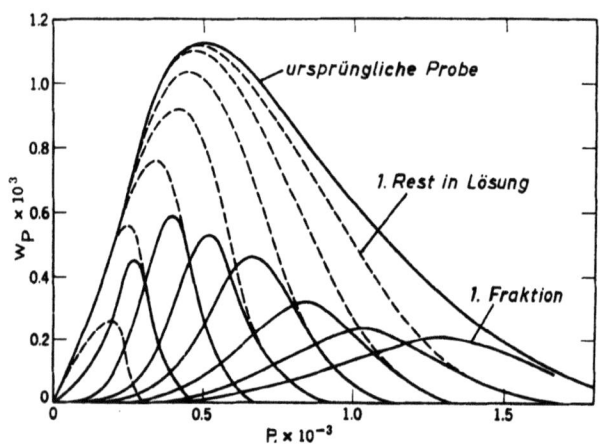

Abb. 14. Änderung der Verteilungskurven während einer Fraktionierung

1. Ein Teil jeder Polymer-Spezies ist in jeder Phase vorhanden. Jede Spezies ist in der Gelphase besser löslich

$$\phi'_P > \phi_P \quad \text{für alle } P.$$

2. Der Verteilungsparameter σ hängt von allen ϕ_P ab.
3. Die Wirksamkeit der Fraktionierung steigt mit der Verdünnung.

Der Verlauf einer Fraktionierung ist in Abb. 14 schematisch dargestellt. Monomere Fraktionen können nach dem Gesagten nicht erhalten werden; aus der Praxis weiß man, daß bei guten Fraktionierungen ein M_w/M_n-Verhältnis von etwa 1,3 bis 1,5 erreicht werden kann.

2.17 Typen von Polymer-Lösungen

Es gibt einige Faustregeln für die Löslichkeit bei Polymeren: sie ist größer bei struktureller Ähnlichkeit von Lösungsmittel und Gelöstem, bei niedrigem Molekulargewicht, und bei niedrigem Schmelzpunkt des Polymeren. Man darf nicht Löslichkeit mit Lösegeschwindigkeit verwechseln: die Löslichkeit führt zu einem Gleichgewicht und kann beträchtlich Zeit erfordern; um konzentrierte Lösungen herzustellen, braucht man bei Polymeren oft Wochen. Die Lösegeschwindigkeit ist eine Frage der Diffusion und Zugänglichkeit. Hohe Lösegeschwindigkeit braucht nicht hohe Löslichkeit zu bedeuten, und umgekehrt.

In Lösung liegen die Teilchen als Knäuelmoleküle, seltener als kompakte Teilchen vor. Knäuelmoleküle sind von sehr geringer Dichte von etwa 10^{-2} bis 10^{-3}, sie haben also ein beträchtliches Knäuelvolumen. In guten Lösungsmitteln ist das Knäuelvolumen groß, in schlechten dagegen klein. Wird ein Lösungsmittel sehr schlecht, so kollabieren die Knäuelmoleküle und es kommt zur Ausfällung.

Wird die Konzentration erhöht, so werden sich die Knäuelmoleküle bald überlappen: es kommt dann zu Ausbildung eines *Netzwerkes*, in dem die Molekülsegmente geometrisch oder über Nebenvalenz-Bindungen verhängt sind und daher ein unendliches Netzwerk (Verhängungsnetz) bilden. Bei sehr großen Molekülen kann das schon bei Konzentrationen von 0,1 %, also $0,1 \cdot 10^{-2}$ g/ml erfolgen. Es ist daher bei Makromolekülen nicht sehr sinnvoll, von verdünnten und konzentrierten Lösungen zu sprechen. Vielmehr soll man unterscheiden zwischen Partikellösungen, bei denen die gelösten Teilchen Einzelindividuen sind, und Netzwerklösungen, bei denen die Moleküle untereinander verhängt sind, so daß man nur mehr von Molekülsegmenten, aber kaum mehr von Einzelmolekülen sprechen kann. Abb. 15 zeigt diese Lösungstypen schematisch. Ist R_{eff} der Durchmesser eines Molekülknäuels und somit V_R das zugehörige Volumen:

$$V_R = \frac{\pi R_{eff}^3}{6},$$

und ist weiters V_c das Volumen, das bei gegebener Konzentration c jedem Molekülknäuel zur Verfügung steht:

$$V_c = \frac{M}{c \cdot N_L},$$

so können wir die Bedingungen für die beiden Lösungstypen anschreiben:

Partikellösung: $V_c \gg V_R$,
Netzwerklösung: $V_c \ll V_R$.

Partikellösung und Netzwerklösung unterscheiden sich sehr in ihren Gesetzmäßigkeiten. Der Typ der hochverdünnten Lösung, wie wir ihn hier betrachten, stellt eine extreme Partikellösung dar.

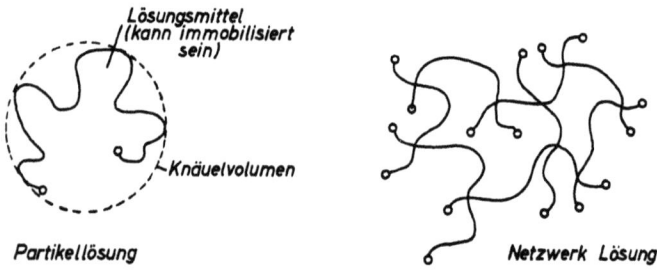

Abb. 15. Lösungstypen bei Polymeren

2.18 Die Konformation von Knäuelmolekülen

Die langen Kohlenstoffketten sind infolge der Drehbarkeit um die —C—C—Bindungen sehr beweglich, sie nehmen daher in Lösung die wahrscheinlichste Gestalt ein, und diese stellt einen unregelmäßigen Knäuel dar. Infolge der Wärmebewegung wechselt die Gestalt dauernd, so daß man sie nur durch statistische Mittelwerte beschreiben kann.

Dabei ist es gleich, ob man das zeitliche Mittel der verschiedenen Gestalten wählt, die ein Molekül im Lauf der Zeit einnimmt, oder das örtliche Mittel aus einer Momentaufnahme einer großen Zahl von Molekülknäueln, wie sie etwa in einem Mol vorliegen.

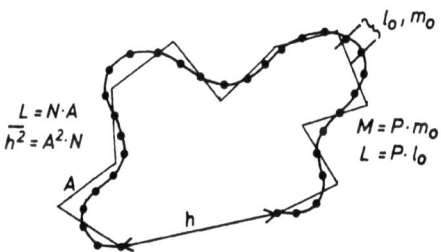

Abb. 16. Ein Knäuelmolekül, schematisch mit eingezeichnetem Kuhnschen Ersatzknäuel

Ein Schema eines solchen Molekülknäuels ist in Abb. 16 dargestellt. Aus dem Molekulargewicht kann man sofort die Kontourlänge L bestimmen, das ist die Länge, die das Molekül in gestrecktem Zustand (bei Erhalten der Valenzwinkel) einnehmen würde (sie wird auch gestreckte Länge oder hydrodynamische Länge genannt):

$$L = P \cdot l_0 = \frac{M}{m_0} \cdot l_0 \, .$$

Ein brauchbares Maß für die Ausdehnung des Molekülknäuels ist der Endpunktabstand h; ein geeigneter Mittelwert die Wurzel aus dem quadratischen mittleren Endpunktsabstand $\sqrt{\overline{h^2}}$. Es stellt sich nun das Problem, einen Zusammenhang zwischen der genannten Größe $\sqrt{\overline{h_2}}$ und dem Molekulargewicht zu ermitteln.

Im einfachsten Fall könnte man annehmen, daß die einzelnen Grundbausteine der Länge l_0 völlig statistisch aneinander gefügt seien, so daß die Lage eines Bausteines vollständig unabhängig vom vorigen ist. Man nennt dies das *Irrflugprinzip*; es ergibt den Zusammenhang:

$$\overline{h^2} = l_0^2 \cdot P \, ,$$

sofern P groß genug ist (das heißt mindestens gegen 100). Freilich ist dieses Irrflugprinzip bei realen Ketten nie realisierbar; schon der Valenzwinkel bringt eine Einschränkung. Für eine Kette mit dem Valenzwinkel θ, verbunden mit völlig freier Drehbarkeit, ergibt sich:

$$\overline{h^2} = l_0^2 \cdot P \cdot \frac{1+\cos\theta}{1-\cos\theta}.$$

Für die Kohlenstoffkette mit $\theta = 109°$ erhalten wir somit:

$$\overline{h^2} = 2\, l_0^2 \cdot P.$$

Häufig ist aber die Rotation in der C—C-Kette durch Substituenten behindert, so daß der mittlere Azimuthwinkel der Drehung nicht 360°, sondern im Mittel nur $\phi°$ beträgt. In diesem Fall gilt:

$$\overline{h^2} = l_0^2 \cdot P \cdot \frac{1+\cos\theta}{1-\cos\theta} \cdot \frac{1+\overline{\cos\phi}}{1-\overline{\cos\phi}}.$$

Hier bedeutet $\overline{\cos\phi} = 0$ freie Drehbarkeit, und $\overline{\cos\phi} = 1$ eine gestreckte Zickzack-Kette, für die $\overline{h^2}$ unendlich wird (für $P \to \infty$); wir haben es dann eben nicht mehr mit einem Knäuelmolekül zu tun.

2.19 Der Kuhnsche Ersatzknäuel

Werner Kuhn hatte die Idee, den realen Knäuel mit seinen Rotationshemmungen durch eine Folge von geraden Stücken zu ersetzen, die irrflugartig aneinandergereiht werden (Abb. 16). Diese geraden Stücke bilden einen Äquivalentknäuel; dieser soll mit dem realen Knäuel in zwei Eigenschaften übereinstimmen: er soll den gleichen mittleren Endpunktabstand haben, und ebenso die gleiche Kontourlänge L. Der Ersatzknäuel soll aus N Stücken der Länge A bestehen. Dann kann man die beiden obigen Forderungen folgend formulieren:

$$\overline{h^2} = A^2 \cdot N \quad \text{und} \quad L = A \cdot N.$$

Es zeigt sich, daß nur ein bestimmter Wert von A beiden Forderungen gerecht wird, er ist gegeben als

$$A = \frac{\overline{h^2}}{L}.$$

Man nennt A das „*statistische Fadenelement*". Es ist ein Maß für die Verknäuelung; ist ein Molekül stark verknäuelt, so ist $\overline{h}^2$ bei gegebenem Molekulargewicht klein, und daher wird auch A klein sein, und umgekehrt.

Gewöhnlich führt die Wechselwirkung zwischen Makromolekül und Lösungsmittel zu einer Erhöhung der Rotationshemmung und daher zu einer Versteifung der Ketten, was wiederum eine Vergrößerung von A bedeutet. Man schreibt die Knäueldimension, die sich ohne diese Lösungsmittelwirkung einstellen würde (also gewissermaßen dann, wenn das Makromolekül als „ideales Gas" vorliegen würde), mit $\overline{h}_0^2$ („ungestörte Dimension"); unter $\overline{h}^2$ versteht man den Wert, der sich im realen Lösungsmittel einstellt. Das statistische Fadenelement ist an sich nur für $\overline{h}_0^2$ definiert. Man kann jedoch auch in realen Lösungsmitteln ein „scheinbares statistisches Fadenelement" A' angeben als

$$A' = \frac{\overline{h}^2}{L},$$

wobei man $\overline{h}^2$ und $L = \frac{M}{m_0} \cdot l_0$ aus Messungen erhält. Während aber A selbst eine Konstante für ein bestimmtes Makromolekül darstellt, ist A' vom Lösungsmittel und auch vom Molekulargewicht abhängig; und zwar ist meist $A < A'$, was bedeutet, daß in den meisten Lösungsmitteln die Molekülknäuel eine Aufweitung erfahren. In sehr schlechten Lösungsmitteln könnte A' auch kleiner als A werden; aber dann ist man schon in unmittelbarer Nähe des Punktes, an dem Ausfällung eintritt.

2.20 Die Persistenzlänge

Man kann die Verknäuelung noch auf andere Weise angeben. Dazu denkt man sich das Fadenmolekül kontinuierlich gebogen, gleichsam wie ein Wurm (man spricht daher auch vom „worm-like model"). Und nun kann man die Biegung der Molekülfadens gewissermaßen am Faden selbst definieren. Dazu denkt man sich einen Punkt des Fadens festgehalten und daran die Tangente angelegt. Von deren Richtung geht man nun aus. Schreitet man am Faden weiter, so wird sich infolge der Richtungsänderung auch die Richtung der Tangente ändern; das Ausmaß der Änderung kann man als Richtungskosinus angeben. Solange die Richtung gleich bleibt, ist der Richtungskosinus 1; sinkt er auf Null ab, so würde das eine Richtungsänderung um 90° bedeuten. Selbstverständlich betrachtet man wiederum den Richtungskosinus, der sich nach Mittelung über eine sehr große Anzahl von Molekülen ergibt. Die *Persistenzlänge a* ist nun definiert als die Länge, die man entlang des Molekülfadens abschreiten muß, bis der mittlere Richtungskosinus auf den Bruchteil 1/e, also den Wert 0,368 abgesunken ist. Nach Porod hängt diese Persistenzlänge a mit $\overline{h}^2$ zusammen nach der Formel:

$$\overline{h}^2 = 2a \cdot (L - a + a \cdot e^{-L/a}).$$

Für große Moleküle ($L \gg a$) geht das über in $\overline{h}^2 = 2aL$, woraus sich der wichtige Zusammenhang ergibt:

$$A = 2 \cdot a.$$

Für kurze Moleküle, also $L \ll a$, erhalten wir $\overline{h}^2 = L^2$, das heißt den Wert, der einem völlig gestreckten Faden entspricht. Das Persistenzmodell umfaßt also als Grenzwerte für sehr lange Moleküle das Kuhn'sche Äquivalentmodell mit dem statistischen Fadenelement, während es für kleine Moleküle den gestreckten Zickzack-Faden liefert.

2.21 Die Krümmungspersistenz

Die eben beschriebene Persistenz bezieht sich nur auf den Winkel zwischen den Bindungen; sie wird auch als Richtungspersistenz bezeichnet. Die Lage einer Bindung wird aber durch zwei Winkel charakterisiert, wie in Abb. 17 skizziert ist: durch den Bindungswinkel (Valenzwinkel) θ und durch den Rotationswinkel (Azimuthwinkel) ϕ. Bei freier Drehbarkeit kann ϕ alle Werte zwischen 0 und 2π annehmen. Ist ϕ

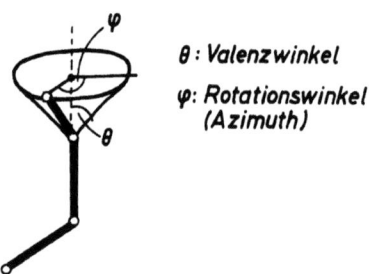

Abb. 17. Valenzwinkel θ und Rotationswinkel ϕ (Azimuth) beim Kettenmolekül

beschränkt, so führt dies zu behinderter Drehbarkeit, und die Kette wird verkürzt nach der Formel:

$$\overline{h^2} = 1_0^2 \cdot P \cdot \frac{1+\cos\theta}{1-\cos\theta} \cdot \frac{1+\overline{\cos\phi}}{1-\overline{\cos\phi}}.$$

Wenn nun der Winkel ϕ einen gewissen Vorzugswert besitzt, so führt dies dazu, daß in der Kette eine bestimmte Krümmung bevorzugt ist; man spricht hier von der Krümmungspersistenz (Kirste). Der Mittelwert des Azimuthwinkels, $\overline{\cos\phi}$, ist gegeben als

$$\overline{\cos\phi} = \frac{\sin\phi^x}{\phi^x} \cos\phi^0,$$

wenn der Schwankungsbereich $\phi^0 \pm \phi^x$ beträgt. Ist $\phi_0 = \pi$, so liegt eine cis-Kette vor, ist $\phi_0 = 0$, haben wir es mit der trans-Kette zu tun. Andere feste Werte von ϕ_0 führen zu helixartigen Strukturen.

2.22 Die Verknäuelungskraft

Die Knäuelgestalt, die ein Makromolekül in Lösung spontan einnimmt, ergibt einen mittleren Endpunktabstand $\sqrt{\overline{h^2}}$; es handelt sich um eine wahrscheinlichste Gestalt. Versucht man, dem Molekülknäuel eine andere, zum Beispiel eine gestrecktere Gestalt aufzuzwingen, so muß dabei eine Kraft überwunden werden. Diese Kraft rührt daher, daß Streckung einen unwahrscheinlicheren Zustand bewirkt und daher zu einer Entropieverminderung führt. Die „rücktreibende Kraft" ist also durch Entropie-Effekte verursacht; energetische Wechselwirkungen spielen hier — zumindest in erster Näherung — keine Rolle, da die freie Drehbarkeit der C—C-Bindungen energiefrei vor sich geht.

Um diese Verknäuelungskraft zu berechnen, muß man die Statistik der Verteilung der Endpunktabstände wissen. Dazu denkt man sich den einen Endpunkt des Makromoleküls festgehalten und fragt nach der Wahrscheinlichkeit, den anderen Endpunkt in einer Kugelschale der Dicke dh im Abstand h vom ersten Endpunkt zu finden (Abb. 18). Diese Wahrscheinlichkeitsfunktion $W(h)$ wurde unter anderen von W. Kuhn modellmäßig berechnet, sie entspricht einer Gaußschen Verteilung und ist durch folgende Formel gegeben:

$$W(h)dh = \frac{4b^3}{\sqrt{\pi}} h^2 e^{-b^2h^2} dh \quad \text{mit } b^2 = \frac{3}{2NA^2}.$$

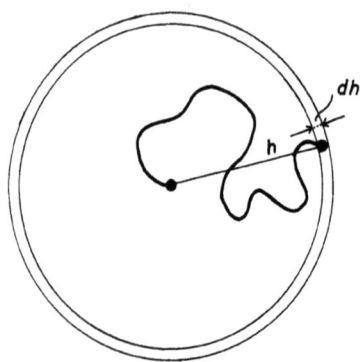

Abb. 18. Verteilung der Endpunktabstände h bei Knäuelmolekülen

Hierbei ist $1/b = h_w$, der wahrscheinlichste Wert von h, d. h. das Maximum der Verteilungskurve. Die Größe $\overline{h^2}$ ergibt sich zu $3/2b^2$, so daß

$$h_w^2 = \tfrac{2}{3}\overline{h^2}.$$

Die Funktion $W(h)$ ist in Abb. 19 dargestellt.

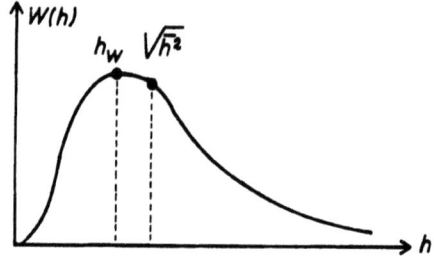

Abb. 19. Wahrscheinlichkeitsverteilung der Endpunktabstände bei Knäuelmolekülen

Aus der Wahrscheinlichkeit kann man nun nach dem Boltzmannschen Gesetz $S = k \ln W$ die Entropie S errechnen, und daraus nach $\Delta G = \Delta H - T \Delta S$ die mit einer Dehnung der Kette verbundene freie Enthalpie ΔG, da die Enthalpieänderung ΔH Null ist. Differenziert man die freie Enthalpie nach der Dehnung, so ergibt dies die rücktreibende Kraft F. Die Rechnung liefert:

$$\frac{d\Delta G}{dh} = F = \frac{3kT}{NA^2}\sqrt{\overline{h_D^2}} \quad \text{mit } NA^2 = \overline{h^2}.$$

Hierbei ist F die rücktreibende Kraft, die bei einem individuellen Makromolekül überwunden werden muß, wenn es vom Abstand $\sqrt{\overline{h^2}}$ auf $\sqrt{\overline{h_D^2}}$ gedehnt wird. Man kann daher auch sagen, das Makromolekül sei elastisch; da diese Elastizität von Entropieeffekten stammt, wird sie als Entropieelastizität bezeichnet. Für den Elastizitätsmodul E ergibt sich

$$E = \frac{3kT}{NA^2} = \frac{3kT}{\overline{h^2}}.$$

Die Formel für F zeigt, daß die rücktreibende Kraft nur für $h \to 0$ verschwindet; das Knäuelmolekül entspricht daher einer Feder, die im kraftfreien Zustand die Länge $h=0$ aufweist. Es erhebt sich also die Frage, wodurch die Knäuel in Lösung ihren endlichen Endpunktabstand $\sqrt{\overline{h^2}}$ bekommen?

Berechnen wir die Arbeit, die nötig ist, um das Knäuelmolekül von $h=0$ auf h aufzuweiten. Wir erhalten sie als das Wegintegral der Kraft zu:

$$\text{Arbeit} = \int F\, ds = \frac{3kT}{\overline{h^2}} \int_0^h h\, dh = \frac{3kT}{2\overline{h^2}} \cdot h^2.$$

Ohne äußere Kraft ist nun aber $h \equiv \sqrt{\overline{h^2}}$, und somit wird

$$\text{Arbeit} = \tfrac{3}{2}kT.$$

Das ist aber genau die Wärmeenergie, die jedes Molekül bei der Temperatur T besitzt. Wir sehen also, daß es die Wärmeenergie ist, die die Aufweitung der Makromoleküle auf $\sqrt{\overline{h^2}}$ bewirkt. Temperaturerhöhung müßte demnach zu einer weiteren Streckung der Knäuel führen, Temperaturerniedrigung zu einer Kontraktion. Beim absoluten Nullpunkt sollten die Knäuel soweit zusammenfallen, daß auch der Endpunktabstand Null wird; was natürlich infolge des realen Platzbedarfs der Kettenmoleküle nicht möglich ist.

Moleküle mit sehr großem statistischen Fadenelement sind wenig verknäuelt und haben daher eine anisotrope, gestreckte Gestalt. Häufig spricht man auch von *„steifen" Molekülen* und setzt somit gestreckt im Sinne von wenig verknäuelt und steif gleich. Das ist nicht richtig, denn die Gestrecktheit ist eine geometrische Eigenschaft, während die Steifheit eine dynamische ist; sie gibt an, wie rasch man ein Molekül verknäueln kann. W. Kuhn hat bereits erkannt, daß die Kraft, die ein

Knäuelmolekül seiner Entknäuelung entgegensetzt, aus zwei Termen besteht, nämlich:

$$F = \frac{3kT}{NA^2} \cdot h + B(\theta) \cdot \frac{dh}{dt}.$$

Der erste Term beschreibt die *entropische Rückstellkraft*, er gibt die geometrische Verknäuelungsfähigkeit an. Der zweite Term dagegen beschreibt die *dynamische Steifheit*, er hängt von der Deformationsgeschwindigkeit dh/dt ab und verschwindet im stationären Zustand (bei $dh/dt=0$). $B(\theta)$ ist die Relaxationsfunktion. Kuhn hat die Größe θ „Konstellationswechselzeit" genannt, er hat eine Makro- und Mikro-Konstellationswechselzeit postuliert, die der Deformation des gesamten Moleküls bzw. von Molekülsegmenten entsprechen. Heute sprechen wir von Relaxationszeiten bzw. von einem Spektrum von vielen Relaxationszeiten, die die einzelnen Bewegungsmöglichkeiten vom gesamten Molekül an (größte Relaxationszeit θ_1) bis zu Bewegungen von Grundeinheiten beschreiben. Vergleichen wir die „Biegsamkeit" eines Molekülfadens mit einem Scharnier, so würde die geometrische Verknäuelungsfähigkeit, gemessen durch das Fadenelement A, angeben, wie weit das Scharnier aufgeht, während die Steifheit, gemessen durch die Relaxationsfunktion $B(\theta)$ angibt, welche Kraft man anwenden muß, um das Scharnier mit einer bestimmten Geschwindigkeit zu bewegen.

2.23 Reale Knäuel

In guten Lösungsmitteln sind die Makromoleküle solvatisiert, dadurch werden sie versteift, die Rotationsbehinderung wird verstärkt, und das Knäuelvolumen wird erhöht. Das „ausgeschlossene Volumen" wird vergrößert. Die Knäuel werden somit aufgeweitet; man spricht von realen Knäueln, da sie jeweils für ein bestimmtes Lösungsmittel „realisiert" sind. Die Aufweitung äußert sich in der Vergrößerung des mittleren Endpunktabstandes vom idealen Wert $\sqrt{\overline{h_0^2}}$ zum realen Wert $\sqrt{\overline{h^2}}$, der für das betreffende Lösungsmittel typisch ist und umso größer, je besser das Lösungsmittel, je stärker also die Wechselwirkung zwischen Lösungsmittel und Gelöstem ist. Unter „ausgeschlossenem Volumen" versteht man dabei jene Aufweitung, die das Molekülknäuel gegenüber seinem Idealvolumen erfährt infolge des Eigenvolumens der Molekülkette und infolge der zusätzlichen Aufweitung durch die $\widehat{12}$ Kontakte. Jenes effektive Volumen, das für ein Molekülsegment durch die Gegenwart eines anderen unzugänglich (ausgeschlossen) ist, wird auch als das binäre Clusterintegral bezeichnet.

Man kann die Aufweitung nach Flory mit Hilfe eines Aufweitungsparameters α beschreiben in der Form:

$$\overline{h^2} = \alpha^2 \cdot \overline{h_0^2}.$$

Nach Flory ist

$$\alpha^5 - \alpha^3 = (0,5 - \chi) \frac{V_e^2}{v_1 V_{e,0}} \quad V_e: \text{Volumen der äquivalenten Kugel.}$$

Man kann die Aufwertung aber auch mit dem Exponenten ε beschreiben

$$\overline{h^2} = C \cdot \overline{h_0^2} \cdot P^{1+\varepsilon}.$$

Somit wird

$$\alpha^2 \operatorname{prop} P^\varepsilon$$

oder

$$\varepsilon = \frac{d \ln \alpha^2}{d \ln P} = \frac{P}{\alpha^2} \cdot \frac{d \alpha^2}{dP}.$$

Die bisher betrachteten Kräfte, die für das ausgeschlossene Volumen und die Knäuelaufweitung verantwortlich sind, werden auch als weitreichende Kräfte bezeichnet, sie beinhalten das Eigenvolumen der Ketten und die infolge der $\widehat{12}$ Kontakte erfolgte Versteifung. Man kann das ausgeschlossene Volumen auch mit dem binären Cluster-Integral beschreiben. So kann man den Aufwertungsparameter α näherungsweise durch folgende Formel angeben:

$$\alpha^2 = 1 + 1,377 \cdot z - 3,229 \cdot z^2 + \cdots,$$

wobei

$$z = \left(\frac{3}{2\pi \overline{h_0^2}} \right)^{3/2} \beta N^2.$$

N ist die Anzahl der Irrflug-Segmente und β das binäre Cluster-Integral.

Wird durch Verschlechterung des Lösungsmittels (Temperaturerniedrigung, Zusatz eines Nichtlösers) die 22-Anziehung erhöht, so werden die Knäuel sich wieder zusammenziehen. Man kann sich nun leicht vorstellen, daß es einen Punkt geben muß, in dem die Komprimierung infolge $\widehat{22}$ Anziehung die Aufweitung infolge des ausgeschlossenen Volumens gerade kompensiert. In diesem Punkt sollte man wieder die „idealen" oder „ungestörten" Dimensionen der Knäuelmoleküle erhalten. Ein solcher Punkt existiert tatsächlich, es ist der uns bereits bekannte θ-Punkt. In ihm wird durch eine innere Kompensation ein Endpunktabstand erzwungen, der mehr oder weniger dem ungestörten Endpunktabstand $\sqrt{\overline{h_0^2}}$ entspricht. Tatsächlich befindet man sich aber im θ-Zustand nahe dem Ausfällungspunkt, weit vom echt idealen Lösungszustand entfernt, weswegen man den θ-Zustand auch einen pseudoidealen Zustand nennt. Er ist gekennzeichnet durch folgende Bedingungen:

$$\chi = 0{,}5, \quad \alpha = 1, \quad \beta = 0,$$
$$A_2 = 0 \quad \varepsilon = 0, \quad z = 0.$$

Nach dem Gesagten sollte man erwarten, daß der θ-Zustand ein eindeutig definierter Zustand sei. Tatsächlich aber findet man, daß es verschiedene θ-Zustände gibt, die verschiedene (wenn auch ähnliche) Werte für $\overline{h_0^2}$ ergeben. Allgemein gilt:

$$\overline{h^2} > \overline{h_{\theta,i}^2} > \overline{h_0^2}.$$

Die Ursache dafür, daß die Endpunktabstände in den verschiedenen θ-Zuständen verschieden und größer als die echt ungestörten Dimensionen sind, liegt bei den nahwirkenden Kräften, die durch Beeinflussung der inneren Strukturparameter, wie Bindungslänge, Valenzwinkel und Behinderung der freien Rotation durch das Lösungsmittel verursacht sind. Die θ-Dimensionen würden nicht vom Lösungsmittel abhängen, wenn die relativen Energien der Rotationsisomeren nicht vom Lösungsmittel abhängten. Dies ist im allgemeinen nicht der Fall, da jedes θ-Lösungsmittel seine eigene, typische Rotationsbehinderung aufweist. Daher gibt es mehrere θ-Zustände und dementsprechend mehrere Werte für $\sqrt{\overline{h_\theta^2}}$.

Man kann das Zustandekommen des θ-Zustandes auch so erklären: die Streckung der Knäuelmoleküle bewirkt zweierlei. Einmal ist im gestreckten Zustand die Zahl der $\widehat{12}$ Kontakte erhöht. Dadurch erhalten wir höhere Erniedrigung der Mischungsenthalpie, also ein $-\Delta H_M$. Auf der anderen Seite aber ist der gestreckte Zustand unwahrscheinlicher, es tritt eine rücktreibende Kraft auf (Entropieelastizität), da durch die Streckung die Konformationsentropie erniedrigt wird: wir finden $-\Delta S_K$. Im θ-Zustand sind beide Effekte im Gleichgewicht: $-\Delta H_M = -\Delta S_K$; so daß

$$\Delta G = -\Delta H_M + T \cdot \Delta S_K = 0.$$

Im θ-Zustand ist also das Knäuelmolekül nicht echt kräftefrei (wie bei der idealen Lösung), sondern die Beiträge der Enthalpie und Entropie kompensieren sich gerade.

Da man auch den zweiten Virialkoeffizienten A_2 in einen enthalpischen und einen entropischen Term aufteilen kann, können wir auch hier für den θ-Zustand die Bedingung anschreiben:

$$A_{2,H} = T \cdot A_{2,S}.$$

Daraus folgt, daß für den θ-Zustand $A_2 = 0$ sein muß.

2.24 Rheologie von verdünnten Partikel-Lösungen

Unter Rheologie (von griech. *rhe-* = fließen) versteht man die Lehre von den reversiblen elastischen und den irreversiblen viskosen Deformationen. Da bei verdünnten Lösungen elastische Effekte vernachlässigt werden können, haben wir es ausschließlich mit Fließvorgängen zu tun, die durch den Koeffizienten der inneren Reibung, die Viskosität η, beschrieben werden. Man versteht darunter den Widerstand, den eine Flüssigkeit einer angelegten Schubspannung entgegensetzt; der Reibungswiderstand kommt zustande durch den Impulstransport senkrecht zur Strömungsrichtung von einer strömenden Schicht zur nächsten. Zur Definition der Viskosität geht man meist von dem in Abb. 20 dargestellten Bild aus. Man betrachtet zwei parallele Platten, zwischen denen sich die Flüssigkeit befindet, die man sich in einzelne Schichten aufgeteilt denkt. Auf die obere Platte läßt man eine Kraft F_x einwirken;

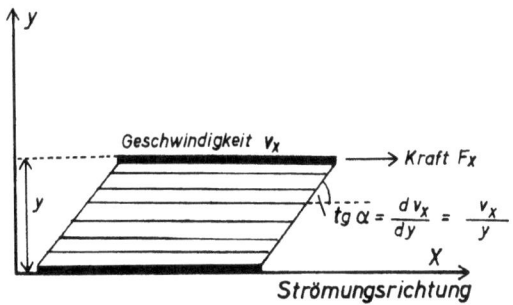

Abb. 20. Zur Definition der Viskosität

sie entspricht einer Schubspannung $\tau = F_x/A$ (A: Fläche der Platte). Die untere Platte ist in Ruhe; ebenso die ihr direkt anhaftende Flüssigkeitsschicht. Bewegt sich nun die obere Platte mit v_x, so werden die Flüssigkeitsschichten mit von unten nach oben steigender Geschwindigkeit bewegt, was zu einem Geschwindigkeitsgefälle D senkrecht zur Strömungsrichtung führt: $D = dv_x/dy$. Man findet, daß die Schubspannung proportional dem Geschwindigkeitsgefälle ist:

$$\tau = \eta \cdot \frac{dv_x}{dy} = \eta \cdot D.$$

Die Proportionalitätskonstante η nennt man den *Viskositätskoeffizienten* oder die Viskosität (Einheit: $1P$ = Poise), den Zusammenhang Newtonsches Gesetz, und Flüssigkeiten, die es befolgen „Newtonsche Flüssigkeiten" (man spricht auch von „linearem Fließen"). Wasser, einfache organische Flüssigkeiten und verdünnte Lösungen sind Newtonsche Flüssigkeiten, während polymere Flüssigkeiten, Polymerschmelzen und Polymer-Lösungen selbst schon von mäßiger Konzentration nicht-Newtonsches (oder nicht-lineares) Fließverhalten zeigen.

Man kann die Viskosität auch als Transportvorgang auffassen und als stationären irreversiblen Prozeß behandeln. Infolge der Anziehungskräfte zwischen den Teilchen kommt es zur inneren Reibung, die eine Impulsübertragung darstellt. Wir haben zwei Flüsse: in der Strömungsrichtung den Materialfluß J_v, und senkrecht dazu den Impulsfluß J_p. Für jeden dieser Flüsse können wir eine Transportgleichung anschreiben. Für den Impulsfluß erhalten wir:

$$J_p = L_p \cdot X_p.$$

Der Impuls p aber ist $m \cdot v$ (m: Masse, v: Geschwindigkeit). Da der Fluß der Transport durch die Einheitsfläche in der Zeiteinheit ist, wird $J_p = m \cdot dv/dt$. Die Kraft, die den Impulsfluß erzwingt, ist aber der Geschwindigkeitsunterschied zwischen zwei Schichten, also dv/dx. Wir erhalten:

$$m \cdot \frac{dv}{dt} = L \cdot \frac{dv}{dx}.$$

Der Ausdruck dv/dt ist aber eine Beschleunigung, so daß links eine Kraft steht. Da sie auf die Flächeneinheit bezogen ist, dürfen wir sie als Schubspannung auffassen. Somit ist der Ausdruck nichts anderes als das Newtonsche Gesetz, wobei $L = \eta$. Die Schubspannung τ ist somit der Impulsfluß in der y-Richtung und das Geschwindigkeitsgefälle dv_x/dy die Kraft, die den Impulsfluß treibt. Somit muß sein: $L_p \equiv \eta$. Weiters können wir aber auch die Transportgleichung für die Fortbewegung der einzelnen Teilchen anschreiben. Hier ist

$$J_v = L_v \cdot X_v.$$

J_v ist aber nichts anderes als die Geschwindigkeit v eines Teilchens, multipliziert mit der Zahl der Teilchen, die pro Sekunde durch die Flächeneinheit durchtreten. X_v ist die Kraft F, die die Teilchen bewegt, so daß

$$v = L \cdot F.$$

Die Kraft F erhalten wir aus der Überlegung, daß sie im stationären Zustand (also beim stationären Fließen) der Reibungskraft gleich sein muß:

$$vf = F,$$

wobei f die Reibungskonstante eines Teilchens ist. Vergleich mit der obigen Gleichung zeigt, daß $L_v \simeq 1/f$ pro Teilchen bzw. N/f bei N Teilchen.

Der Vergleich der beiden Transportgleichungen lehrt uns nun zweierlei. Da F der Schubspannung entspricht, muß das v der Gleichung für J_v dem dv/dx der Gleichung für J_p entsprechen. Das v bezieht sich aber auf ein Teilchen, und ist dessen Relativgeschwindigkeit, es darf nicht mit der mittleren Strömungsgeschwindigkeit verwechselt werden, sondern stellt die sogenannte Deformationsgeschwindigkeit dar. Somit ergibt sich, daß Deformationsgeschwindigkeit und Geschwindigkeitsgefälle hier identisch sind. Weiter zeigt der Vergleich der beiden phänomenologischen Koeffizienten L, daß die Viskosität der Reibungskonstanten proportional sein muß, also

$$\eta = K \cdot f,$$

wobei K eine Funktion der Masse, Größe und Gestalt der Teilchen sowie der Teilchenzahl pro Volumseinheit ist.

2.25 Die verschiedenen Viskositätsfunktionen

Man mißt die Viskosität von verdünnten Lösungen meist im Kapillarviskosimeter. Die Auslaufzeit ist nach dem Hagen-Poiseuilleschen Gesetz der Viskosität proportional:

$$\eta = A \cdot t.$$

Bei kurzen Auslaufzeiten muß noch die Hagenbach-Couette Korrektur angebracht werden, z.B. nach

$$\eta = A \cdot t - B/t,$$

wobei man A und B z.B. aus Eichmessungen mit zwei Flüssigkeiten bekannter Viskosität bestimmt.

Man kann so die Viskosität einer Lösung bei einer bestimmten Konzentration, η, ermitteln. Ist die Viskosität des Lösungsmittels η_s, so kann man mit diesen Größen die folgenden Viskositätsfunktionen ausrechnen. Da die Viskositäten den Auslaufzeiten (t und t_s) proportional sind, kann man diese Funktionen auch mit den t-Werten selbst ausdrücken (für $d \approx d_s$). Wir haben so:

relative Viskosität $\eta_{rel} = \eta/\eta_s \simeq t/t_s$,
spezifische Viskosität $\eta_{sp} = \eta_{rel} - 1 = (\eta - \eta_s)/\eta_s \simeq (t - t_s)/t_s$,
reduzierte Viskosität $\eta_{red} = \eta_{sp}/c = (\eta - \eta_s)/\eta_s c \simeq (t - t_s)/t_s c$.

Die reduzierte Viskosität ist im Bereich geringer Konzentration dieser proportional, so daß sie linear auf die Konzentration Null extrapoliert werden kann. Man erhält die *Grenzviskositätszahl* (GVZ), wenn man η_{red} auf die Konzentration Null und auf das Geschwindigkeitsgefälle $D = 0$ extrapoliert:

$$[\eta] = \lim_{\substack{c \to 0 \\ D \to 0}} \eta_{red} \quad [ml/g].$$

Für die GVZ ist auch der Ausdruck „Staudinger Index" gebräuchlich; im angelsächsischen Sprachraum heißt sie *intrinsic viscosity* oder auch *limiting viscosity number* (LVN). Häufig wird nur die Extrapolation auf $c = 0$ durchgeführt und die schwierigere Extrapolation auf $D = 0$ unterlassen. Man sollte dann nicht mehr von der GVZ sprechen; es wurde die Bezeichnung *konventionelle Viskositätszahl* (KVZ) vorgeschlagen.

2.26 Die Ermittlung der Grenzviskositätszahl

Um die Extrapolation auf $c = 0$ durchführen zu können, braucht man eine Reihe von Messungen von η_{rel} bei mindestens 4 verschiedenen Konzentrationen. Man errechnet dann jeweils die η_{red}-Werte. Für die Extrapolation auf $c = 0$ haben sich verschiedene Formeln bewährt. Die wichtigsten sind:
Die Huggins-Gleichung:

$$\eta_{red} = [\eta] + k'[\eta]^2 \cdot c$$

k' wird die Huggins-Konstante genannt.
Die Martins-Gleichung:

$$\log \eta_{red} = \log[\eta] + k \cdot [\eta] \cdot c$$

k ist die Martins-Konstante, sie hängt mit k' zusammen nach $k = k'/2, 3$. Gewöhnlich kann man nach der Martins-Gleichung besser und bis zu größeren c-Werten linear extrapolieren.

Eine weitere Gleichung ist:

$$\eta_{red} = [\eta] + k_1 [\eta] \cdot \eta_{sp}.$$

Hier wird η_{red} nicht gegen c, sondern gegen η_{sp} aufgetragen. Noch eine andere Methode ist die Verwendung der „inhärenten Viskosität" (inherent viscosity)

$$(\ln \eta_{rel})/c; \quad \text{wobei} \quad [\eta] = \lim_{\substack{c \to 0 \\ D \to 0}} (\ln \eta_{rel})/c,$$

und ihre Extrapolation auf $c = 0$ nach der Gleichung

$$(\ln \eta_{rel})/c = [\eta] - k''[\eta]^2 \cdot c.$$

Häufig führt man die Extrapolation der inhärenten Viskosität und der reduzierten Viskosität gemeinsam durch; die Extrapolation muß nach beiden Methoden auf dieselbe GVZ führen (vgl. Abb. 21). Da in vielen Fällen gilt $k' + k'' \simeq 0{,}5$, können die beiden Gleichungen zusammen-

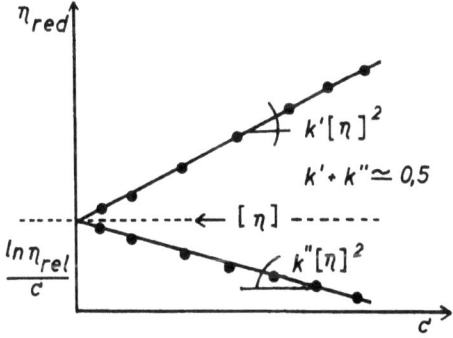

Abb. 21. Die Ermittlung der Grenzviskositätszahl

gefaßt werden; man erhält dadurch eine Beziehung, mit deren Hilfe man die GVZ aus einer einzigen Viskositätsmessung bei einer Konzentration, ohne Extrapolation durchführen kann (Einpunktsmethode):

$$[\eta] = \frac{\sqrt{2}}{c} (\eta_{sp} - \ln \eta_{rel})^{1/2}.$$

Man soll sich aber vor der Verwendung solcher Einpunktmethoden stets überzeugen, ob für das System der postulierte Zusammenhang zwischen k' und k'' auch wirklich gilt!

Die Konstante, die die Konzentrationsabhängigkeit beschreibt (also k', k, k'', k_1) ist ein Maß für die hydrodynamische Wirkung des gelösten Teilchens und für seine Wechselwirkung mit dem Lösungsmittel. Ganz allgemein kann gesagt werden, daß die k-Werte umso kleiner sind, je besser das Lösungsmittel ist. Das Hugginssche k' ist bei guten Lösungsmitteln etwa 0,38. Bei θ-Lösungsmitteln liegt es bei etwa 0,5–0,8, und kann bei sehr schlechten Lösungsmitteln, in denen die Teilchen ziemlich kompakt sind und knapp vor der Ausfällung liegen, auf etwa 1 bis 1,3 ansteigen. Leider ist die Theorie der k-Werte noch recht wenig entwikkelt. Man kann das Hugginssche k' in folgender Weise in den hydrodynamischen Anteil k^x und einen Wechselwirkungsanteil zerlegen:

$$k' = k^x - K \cdot A/[\eta],$$

wobei A ein Faktor ist, der leider nicht konstant ist.

Im guten Lösungsmittel wird bei Knäuelmolekülen die GVZ selbst vergrößert, da die Knäuel aufgeweitet werden und somit ihr Volumsbedarf steigt.

Die Extrapolation auf das Geschwindigkeitsgefälle Null ist schwieriger. Man kann im Kapillarviskosimeter das Geschwindigkeitsgefälle D berechnen nach

$$D = \frac{4V}{\pi R^3 t}.$$

Man kann D variieren, wenn man die Kapillardimensionen oder den treibenden Druck ändert. Im einfachsten Fall ist das durch sogenannte Mehrkugelviskosimeter möglich. Man erhält dann Meßwerte von η_{rel} bei verschiedenen Werten von D. Zur Auswertung kann man nun so vorgehen, daß man zunächst die η_{rel} Werte gegen D aufträgt, wobei die Konzentration c Parameter ist. Aus dieser Kurvenschar entnimmt man für konstantes D die η_{rel}-Werte bei den verschiedenen Konzentrationen, und kann nun die Extrapolation auf $c=0$ mit D als Parameter durchführen, einschließlich $D=0$ (Parametermethode). Man erhält umso höhere k-Werte, je geringer D. Eine andere Methode führt beide Extrapolationen zusammen in einem Netzdiagramm durch. Sie beruht auf einer Auftragung von η_{red} gegen $c + K \cdot D$ (wobei $K \simeq 10^{-3}$) entsprechend der Gleichung

$$\eta_{red \cdot D} = [\eta]_0 - a \cdot q^{n_1} + (k'[\eta]_0^2 - b \cdot q^{n_2}) \cdot c \,.$$

Abb. 22 zeigt ein Beispiel für diese Auswertung.

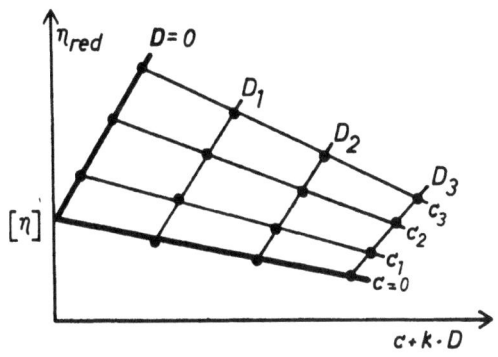

Abb. 22. Extrapolation von η_{red} auf $c \to 0$ und $D \to 0$ im Netzdiagramm

Die *Grenzviskositätszahl*, die man auf diese Weise erhält, hat die Dimension eines spezifischen Volumens. Man gibt sie gewöhnlich in ml/g an (entsprechend einer Konzentrationsangabe in g/ml). Wird ein anderes Konzentrationsmaß verwendet, so ändert sich die Größenordnung der GVZ. Die GVZ hängt ab vom verwendeten Lösungsmittel und von der Temperatur; gewöhnlich wird sie bei 20 oder 25 °C gemessen.

2.27 Aussagen der Grenzviskositätszahl bei starren Teilchen

Alle nun folgenden Betrachtungen gehen auf die bekannte Formel zurück, die Einstein für kompakte Kugeln herleitete. Er fand:

$$\eta_{rel} = 1 + 2{,}5 \cdot \phi \,.$$

Hier ist ϕ der Volumenbruch der gelösten Teilchen; er hängt mit der Gewichtskonzentration c (in g/ml) zusammen nach $\phi = c/d$, wobei d die Dichte der Teilchen ist. Man kann die Einsteinsche Formel umschreiben

$$[\eta] = 2{,}5/d \,.$$

Da auch Kugelsuspensionen eine Konzentrationsabhängigkeit der Viskosität besitzen, ist eine Extrapolation auf $c=0$ nötig. Man erhält

$$\eta_{\text{red}} = [\eta] + k'[\eta]^2 \cdot c,$$

wobei $[\eta] = 2{,}5/d$ und $k' = 12{,}6/[\eta]^2 d^2$ (nach Simha).

Man kann somit aus der GVZ sofort das hydrodynamische wirksame Volumen V_e der gelösten Teilchen berechnen, bzw. ihre wirksame Dichte $d = \dfrac{G}{V_e}$. Bei kompakten Kugeln wird das wirksame Volumen dem echten Volumen gleich sein. Dies gilt jedoch nicht mehr, wenn Solvatation eintritt, diese vergrößert das wirksame Volumen. Das gleiche gilt bei Abweichungen von der Kugelgestalt. Ein Ellipsoid wird sich in der Strömung in allen Richtungen drehen und daher ein Volumen benötigen, das einer Kugel mit dem Durchmesser der langen Achse des Ellipsoides entspricht! Hier ist also das „effektive" Volumen V_e wesentlich größer als das Teilchenvolumen, und die hydrodynamisch wirksame Dichte wird kleiner sein als die echte Dichte der Teilchen. Beschreibt man die Anisotropie der Teilchen durch ihr Achsenverhältnis p (lange Halbachse/kurze Halbachse), so ist eine Berechnung der GVZ möglich. Man erhält z. B. (nach Simha):

$$[\eta] = \frac{0{,}933}{d} + \frac{p^2}{5d}\left(\frac{1}{3(\ln 2p - \lambda)} + \frac{1}{\ln 2p - \lambda + 1}\right),$$

wobei λ bei Ellipsoiden 1,5 und bei zylindrischen Stäbchen 1,8 ist.

Im übrigen kann man aus der Definition der GVZ sofort entnehmen, daß bei langgestreckten Teilchen die GVZ auch von der Teilchengröße bzw. dem Teilchengewicht (Molekulargewicht) abhängt (was bei Kugeln nicht der Fall war). Es gilt

$$[\eta] = 2{,}5/d \quad \text{mit} \quad 1/d = \frac{V_e}{G}.$$

Die hydrodynamisch wirksame Dichte aber errechnet sich für das Beispiel eines langgestreckten, starren Stäbchens wie folgt. Das wirksame Volumen des Stäbchens entspricht der durch die Drehung gebildeten Kugel;

$$V_e = \frac{L^3 \pi}{6} \quad (L: \text{Länge des Stäbchens}).$$

Das Gewicht G aber ist natürlich proportional L, nämlich $G = L \cdot m_0$ wenn m_0 die Masse der Längeneinheit ist. Daraus erhält man

$$1/d = \frac{V_e}{G} = \frac{L^3 \pi}{6 L \cdot m_0} = \frac{L^2 \pi}{6 m_0} = \frac{G^2 \pi}{6 m_0^3}.$$

Handelt es sich um Moleküle, so wird $G = M$, und die GVZ sollte somit dem Quadrat des Molekulargewichtes proportional sein, was durch Experimente sehr gut belegt ist.

Eine weitere Folge der Anisotropie von Teilchen ist, daß sie sich mit ihren Längsachsen in die *Strömungsrichtung* einstellen werden. Diese Ausrichtung ist dynamisch; die Teilchen rotieren in der Strömung, haben aber in der ausgerichteten Lage eine längere Verweilzeit als in der dazu senkrechten. Die Wärmebewegung (Brownsche Bewegung) versucht diesem Einfluß entgegenzuarbeiten. Gelingt eine dynamische Ausrichtung, so erniedrigt das die Viskosität: somit wird diese und insbesondere auch die GVZ wiederum abhängig vom Geschwindigkeitsgefälle, sie sinkt mit diesem. Man charakterisiert die Brownsche Bewegung durch die Rotationsdiffusionskonstante D_r. Die Konkurrenz zwischen Ausrichtungstendenz und Brownscher Bewegung wird durch die Größe $\alpha = D/D_r$ beschrieben, das Verhältnis von Geschwindigkeitsgefälle zur Rotationsdiffusionskonstanten. Ist $\alpha = 0$, so überwiegen die desorientierten Kräfte, und man wird eine maximale GVZ finden ($[\eta]_0$). Mit steigendem α sinkt dann die GVZ infolge der ausrichtenden Wirkung der Strömung, um schließlich bei sehr großem α (Theoretisch bei $\alpha \to \infty$) einen zweiten konstanten Wert zu erreichen. Es ergibt sich somit, daß das Verhältnis $[\eta]/[\eta]_0$ eine Funktion von p und von α ist. Kuhn erhält z. B. für sehr lange Teilchen ($p \gg 1$) die Formel:

$$[\eta]/[\eta]_0 = 1 - 0{,}034 \cdot \alpha^2 \dots$$

Zur Auswertung dieser Beziehungen geht man wie folgt vor. Man mißt $[\eta]$ als Funktion von D und erhält durch Extrapolation auf $D = 0$ den Wert $[\eta]_0$. Daraus erhält man nach den früher angegebenen Gleichungen sofort das p. Nun kann man an Hand der oben angegebenen Gleichung nachsehen, welchem α ein bestimmtes Verhältnis $[\eta]/[\eta]_0$ (bei gegebenem p) entspricht. Da wir das D gemessen haben, können wir sofort nach $\alpha = D/D_r$ die Rotationsdiffusionskonstante D_r errechnen, aus der man wiederum unter bestimmten Voraussetzungen die größte Länge der Teilchen im absoluten Maß errechnen kann, also z. B. die lange Achse bei Ellipsoiden. Die theoretisch abgeleiteten Formeln für solche Berechnungen sind in den entsprechenden Monographien tabelliert, so daß für starre Teilchen eine sehr weitgehende Auswertung der GVZ möglich ist (Näheres in Büchern über Strukturrheologie). Erschwert wird die Anwendung der beschriebenen Beziehungen dadurch, daß in ihnen auch die hydrodynamisch wirksame Dichte enthalten ist, die nur bei kompakten Kugeln gleich der normalen Dichte ist, sonst aber immer kleiner. Manchmal kann man die hydrodynamisch wirksame Dichte berechnen; vielfach aber bleibt sie als Quelle von Unsicherheit bestehen.

2.28 Die Grenzviskositätszahl von Knäuelmolekülen

Auch das Knäuelmolekül kann man grundsätzlich nach der Einsteinschen Formel behandeln. Man muß nur bedenken, daß die wirksame Dichte der Knäuel — die „Knäueldichte" d_K — äußerst gering ist. Selbst bei starker Verknäuelung ist sie nur etwa 10^{-2}; das vom Knäuel aufgesogene Lösungsmittel ist dann hydrodynamisch immobil und man spricht von „undurchspülten Knäueln". Die Verknäuelung kann aber auch so gering sein, daß die Lösungsmittel-Moleküle die Segmente des Moleküls frei durchströmen, man spricht dann von „frei durchspülten Knäueln", deren Dichte nur 10^{-3} bis 10^{-4} ist. Die wirklichen Knäuel liegen oft zwischen diesen beiden Grenzfällen, im θ-Zustand liegen undurchspülte Knäuel vor. Die Knäueldichte kann man aus Molekulargewicht und Molvolumen ausrechnen:

$$d_K = M/N_L \cdot V_e \qquad V_e: \text{wirksames Knäuelvolumen.}$$

Die Knäueldichte sinkt mit dem Molekulargewicht nach

$$d_K = k \cdot M^{-a}.$$

Wenden wir nun auf diese Knäuel das Einstein'sche Gesetz an:

$$[\eta] = 2{,}5/d_{K\ddot{A}}.$$

Hier ist $d_{K\ddot{A}}$ die sogenannte „Äquivalentkugeldichte", nämlich die Dichte jener Kugel, die in ihrem Viskositätsverhalten dem Knäuelmolekül äquivalent ist. Da sie sicher von gleicher Größenordnung ist wie d_K dürfen wir somit erwarten, daß die GVZ von Knäuelmolekülen jedenfalls von der Größenordnung 10^2 bis 10^4 ml/g sein werden, was auch in der Tat der Fall ist. Weiters dürfen wir annehmen, daß $d_{K\ddot{A}}$ die gleiche funktionelle Abhängigkeit von M zeigen wird wie d_K. Setzen wir dies ein, so erhalten wir sofort:

$$[\eta] = K \cdot M^a.$$

Dies ist eine der *wichtigsten Gleichungen der Viskosimetrie*. Sie wurde von Staudinger, Mark, Houwink, Kuhn und anderen Forschern erarbeitet; wir wollen sie im folgenden als *SMH-Gleichung* bezeichnen. Die Hochzahl a hängt mit der Knäuelaufweitung zusammen; mit dem Parameter ε (vgl. S. 53) ist sie durch die Formel verbunden

$$a = 1{,}5 \cdot \varepsilon + 0{,}5.$$

Für undurchspülte Knäuel (und somit auch im θ-Zustand) ist $a=0,5$ und $\varepsilon = 0$; für frei durchspülte Knäuel ist $a=1$ und $\varepsilon = 0,3$. Bei realen Molekülen liegt a häufig zwischen etwa 0,6 und 0,9. Für starre Stäbchen ist $a=2$ (und somit $\varepsilon = 1$); auch für starre Helix-Stäbchen wird $a=2$ gefunden. Für die kompakte Kugel ist $a=0$, da die GVZ nicht von M abhängt. Bei Knäueln, die über den undurchspülten Zustand komprimiert sind, wird $a<0,5$; solche Fälle liegen z. B. bei verzweigten Molekülen vor.

Bei Knäuelmolekülen hängt die GVZ stark vom Lösungsmittel ab. Bei guten Lösungsmitteln ist dieser Einfluß gering; schlechte Lösungsmittel dagegen werden bei Temperaturerhöhung besser, die Knäuelmoleküle strecken sich, und die GVZ steigt.

2.29 Molekulargewichtsbestimmung aus der Grenzviskositätszahl

Die SMH-Gleichung wird in größtem Maße verwendet, um aus der GVZ das Molekulargewicht zu ermitteln. Die beiden Konstanten K und a werden dazu empirisch bestimmt, in der Regel durch Eichmessungen. Man trägt dazu möglichst viele Wertpaare von $[\eta]$ und M doppelt logarithmisch auf und verbindet die Punkte durch eine Gerade, die die SMH-Gleichung darstellt. Es ist wichtig, bei der Eichung möglichst einheitliche Proben zu verwenden, nur dann erhält man nämlich die „richtigen" Werte für K und a. Muß man mit uneinheitlichen Fraktionen arbeiten, so ist es wichtig, für die Eichung die richtigen Mittelwerte des Molekulargewichtes zu verwenden. Das sogenannte Viskositätsmittel M_v ist nämlich

$$M_v = \left\{ \frac{\sum N_i M_i^{a+1}}{\sum N_i M_i} \right\}^{\frac{1}{a}},$$

und wird nur für $a=1$ identisch mit dem Gewichtsmittel. Das Zahlenmittel ist recht ungeeignet zur Eichung, und auch für $a \neq 1$ begeht man einen Fehler, der umso größer ist, je uneinheitlicher die Fraktionen sind. Auf alle Fälle sollte bei Eichmessungen stets angegeben werden, nach welcher Methode die Molekulargewichte gemessen wurden, und wie einheitlich die Proben waren. Bei zunehmender Uneinheitlichkeit steigt K und sinkt a.

In der Literatur sind außerordentlich viele Angaben über K und a Werte enthalten. Leider stimmen sie selbst für identische Systeme nur selten überein. Man kann die GVZ-Werte mit großer Genauigkeit und Reproduzierbarkeit messen, doch bei der Eichung schleichen sich oft genug Fehler ein, so daß man bei Molekulargewichtsangaben, die auf GVZ-Messungen beruhen, stets dazusagen sollte, welche K und a Werte man für die Berechnung verwendete. Die Tabelle 3 gibt einige Beispiele für K und a Werte für gebräuchliche Polymere.

Tabelle 3. Konstanten zur SMH-Gleichung $[\eta] = K \cdot M^a$

Substanz/Lösungsmittel	°C	K	a	M	Lit.
Polystyrol/Toluol	25	$1 \cdot 10^{-2}$	0,73	LS	1
Polymethylmethacrylat/Toluol	25	$7,1 \cdot 10^{-3}$	0,73	LS	1
Polyäthylen/Tetralin	105	$1,62 \cdot 10^{-2}$	0,83	M_w	1
Polyisobutylen/Toluol	25	$4,08 \cdot 10^{-2}$	0,62	LS	2
Polyvinylchlorid/Cyclohexanon	25	$1,5 \cdot 10^{-4}$	1,0	LS	1
Polyacrylnitril/Dimethylformamid	25	$2,33 \cdot 10^{-2}$	0,75	LS	1
Polyvinylalkohol/Wasser	25	$3 \cdot 10^{-1}$	0,5	SD	1
Polyvinylacetat/Aceton	25	$1,02 \cdot 10^{-2}$	0,72	M_w	3
Polyvinylpyrrolidon/Wasser	25	$5,65 \cdot 10^{-2}$	0,55	LS	1
Polybutadien/Cyclohexan	20	$3,6 \cdot 10^{-2}$	0,7	LS	1
Polydimethylsiloxan/Toluol	25	$7,38 \cdot 10^{-3}$	0,72	LS	1
Naturkautschuk/Toluol	25	$5 \cdot 10^{-2}$	0,67	LS	1
Cellulose/Cuoxam	20	$9,9 \cdot 10^{-4}$	1	aus CTN ber.	
Cellulose/Cuen	20	$1,53 \cdot 10^{-3}$	1		
Cellulose/Cadoxen	20	$1,24 \cdot 10^{-3}$	1		1
Cellulose/EWNN	20	$2,2 \cdot 10^{-3}$	1		
Cellulosetrinitrat (CTN) 13,8 % Stickstoff gelfrei/Aceton	20	$2,8 \cdot 10^{-3}$	1	SD	1
Amylose/0,5 n KOH	25	$3,06 \cdot 10^{-2}$	0,64	LS	1

Abkürzungen:
LS: Lichtstreuung, M_w: Gewichtsmittel, SD: Sedimentation-Diffusion.

Literatur:
[1] G. Meyerhoff, Fortschr. Hochpolym. Forsch. *3*, 59 (1961).
[2] J. Schurz und H. Hochberger, Makromol. Chem. *96*, 141 (1966).
[3] M. Matsumoto und Y. Ohyangy, J. Polym. Sci. *6*, 441 (1960), daraus auf 25 umgerechnet: K. Müller, Dissert. Univ. Graz 1967.

2.30 Die Ermittlung von Knäueldimensionen aus der Grenzviskositätszahl

Für den nicht aufgeweiteten Idealknäuel — in praxi meist angenähert durch den θ-Zustand — gibt uns die Theorie von Flory eine einfache

Beziehung zwischen der GVZ und den Knäueldimensionen. Es gilt nämlich
$$[\eta]_\theta = K_\theta \cdot M^{0,5},$$
wobei
$$K_\theta = \Phi \cdot (\overline{h_\theta^2}/M)^{3/2}.$$

Hier ist Φ eine universelle Konstante, die nach neuester Ansicht den Wert $2,84 \cdot 10^{23}$ hat.

Reale Knäuel sind aufgeweitet, statt $\overline{h_\theta^2}$ finden wir das größere $\overline{h^2}$, wobei
$$\overline{h^2}/\overline{h_\theta^2} = \alpha^2 \sim M^\varepsilon.$$

Man kann auch die Vergrößerung der GVZ im realen Lösungsmittel mit Aufweitungsparametern beschreiben:
$$[\eta]/[\eta]_\theta = \alpha_v^3 \sim M^{3\varepsilon/2} \sim M^{a-0,5}.$$

Vielfach wird hierbei α_v gleich α gesetzt, doch ist nicht sicher, ob man das darf. Für die GVZ im realen Lösungsmittel ergibt sich so
$$[\eta] = \phi(\varepsilon) \left(\frac{\overline{h_\theta^2}}{M}\right)^{3/2} \cdot M^{\frac{1+3\varepsilon}{2}} = K \cdot M^a.$$

Hier ist $\phi(\varepsilon)$ eine variable Größe, nach Ptitzyn kann man schreiben:
$$\phi(\varepsilon) = 2,87 \cdot 10^{23}(1 - 2,63\,\varepsilon + 2,86\,\varepsilon^2).$$

Es wurden mehrere Methoden vorgeschlagen, um aus Viskositätsmessungen in realen Lösungsmitteln auf die ungestörten Dimensionen zu schließen. Besonders einfach ist das Verfahren nach Stockmayer-Fixman. Entsprechend der Gleichung
$$\frac{[\eta]}{\sqrt{M}} = K_\theta + C \cdot A_2 \cdot \sqrt{M}$$

trägt man $[\eta]/\sqrt{M}$ gegen $\sqrt{M}$ auf und erhält eine Gerade, deren Ordinatenabschnitt das K_θ ist. Die Steigung enthält den zweiten Virialkoeffizienten A_2, sie ist ein Maß für das ausgeschlossene Volumen. Für θ-Lösungen erhält man wegen $A_2 = 0$ eine waagrechte Linie. Bei wenig aufgeweiteten Substanzen hat man mit dieser Methode gute Resultate erhalten, bei sehr gestreckten Molekülen scheint sie zu versagen.

Aus K_θ kann man sofort $\overline{h_\theta^2}$ errechnen, und daraus das statistische Fadenelement A_θ. Übrigens gilt auch der Zusammenhang

$$\frac{A'_1}{A'_2} = \left(\frac{[\eta]_1}{[\eta]_2}\right)^{\frac{2}{3}},$$

so daß man durch Vergleich der GVZ in zwei Lösungsmitteln 1 und 2 das Fadenelement im Lösungsmittel 2 berechnen kann, wenn es in 1 bekannt ist.

2.31 Strömungsdoppelbrechung

Makromoleküle werden in einem Strömungsfeld orientiert. Handelt es sich um eine Scherströmung, so ist diese Orientierung dynamisch. Das heißt, zunächst führen die Moleküle eine Rotation aus, deren Geschwindigkeit jedoch ungleichförmig ist. Bei sehr geringem Geschwindigkeitsgefälle werden sie sich infolge der desorientierenden Wirkung der Brownschen Bewegung am längsten in einer Richtung von 45° zur Strömungsrichtung befinden. Steigt das Geschwindigkeitsgefälle, so verschiebt sich diese Vorzugsrichtung immer mehr in die Strömungsachse, da nun die richtenden hydrodynamischen Kräfte die ausgleichende Brownsche Bewegung mehr und mehr überwinden. Als Folge kommt es zu einer „Orientierung" in dem Sinne, daß die Verweilzeit der Moleküle am größten ist in Richtungen, die mit der Strömungsrichtung einen spitzen Winkel einschließen; bei völliger Orientierung wäre dieser Null. Dennoch rotieren die Teilchen immer noch, eine bleibende Ausrichtung in die Strömungsrichtung ist nur bei einer Zugströmung möglich, die keine Querkomponente aufweist.

Durch diese Orientierung wird die Lösung optisch doppelbrechend; man nennt diesen Effekt daher *Strömungsdoppelbrechung*. Sie ist durch zwei Größen bestimmt, nämlich einmal durch die Auslöschungsrichtungen, die zueinander senkrecht stehen und deren eine mit der Strömungsrichtung einen spitzen Winkel χ einschließt (den Auslöschwinkel), und durch den Betrag der Strömungsdoppelbrechung Δn, das ist die Differenz der Brechungsindices in den beiden Auslöschungsrichtungen. In Abb. 23 ist dies schematisch dargestellt. Zur Messung der Strömungsdoppelbrechung bedient man sich meist einer Couette-Anordnung. Im Spalt tritt die Orientierung und damit die Doppelbrechung auf. Man schickt nun parallel zur Rotationsachse einen Lichtstrahl durch den Spalt, der vorher durch einen Polarisator polarisiert wurde. Nach Verlassen des Spaltes kann mit Hilfe eines Analysators die Auslöschungsrichtung festgestellt werden. Weiters muß auch das Δn ermittelt werden, meist indem man den Phasenunterschied zwischen den beiden Auslöschungsrichtungen etwa mit Hilfe eines $\lambda/4$-Kompensators mißt. Man erhält also als Meßgrößen den Auslöschungswinkel χ und den Betrag

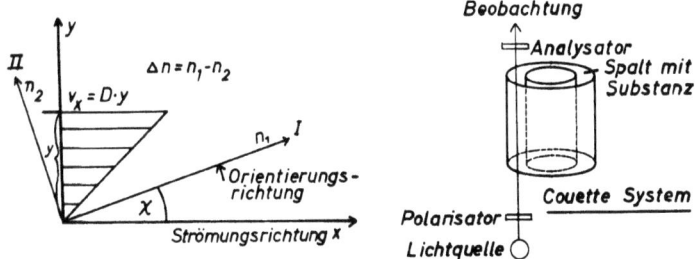

Abb. 23. Die Strömungsdoppelbrechung

der Doppelbrechung Δn, beide als Funktion des Geschwindigkeitsgefälles D. Die Größe χ sinkt mit D, während Δn steigt. Zur weiteren Auswertung bringt man nun diese optischen Erscheinungen mit den Spannungen in der fließenden Lösung in Zusammenhang. Dies geschieht mit Hilfe der spannungsoptischen Beziehungen

$$\Delta n \cdot \sin 2\chi = 2C\tau,$$
$$\Delta n \cdot \cos 2\chi = C\tau_n.$$

Hier ist τ die Schubspannung, τ_n die erste Normalspannungsdifferenz und C ist der spannungsoptische Koeffizient. Er kann experimentell ermittelt werden, indem man z.B. $\Delta n \cdot \sin 2\chi$ gegen τ aufträgt; die Steigung ergibt $2C$. Diese Auftragung ist zugleich eine experimentelle Prüfung, ob die spannungsoptischen Beziehungen gelten. Die Größe C ist eine Funktion der optischen Anisotropie, für sie gilt

$$C = \frac{1}{2} \cdot \frac{[n]}{[\eta]},$$

wobei $[\eta]$ die Grenzviskositätszahl ist und $[n]$ die Maxwellsche Konstante

$$[n] = \lim_{\substack{D \to 0 \\ c \to 0}} \frac{\Delta n}{D c \eta_0}.$$

Die Strömungsdoppelbrechung gibt uns einen Zusammenhang zwischen optischen und rheologischen Daten; man nennt sie daher auch oft eine rheoptische Methode. Da sie uns die Normalspannung liefert, kann bei Kenntnis des spannungsoptischen Koeffizienten der *Schermodul* errechnet werden:

$$G = \frac{\tau^2}{\tau_n} = \frac{\Delta n \sin^2 2\chi}{4 C \cos 2\chi}.$$

Detailliertere Analysen können Informationen über Details der gelösten Makromoleküle vermitteln. Als interessantes Beispiel soll die Ermittlung der Knäuelausdehnung E_n erwähnt werden, die ein Molekül in einer Lösung (etwa als Folge des ausgeschlossenen Volumens) erfährt. Wir erhalten für diese Größe:

wobei
$$E_n = \frac{\overline{h^2}}{\overline{h_0^2}} - 1 = \frac{2}{3} \Delta n \cos 2\chi \frac{M_n}{cRT} \cdot 2C,$$

$$2C = \frac{[n]}{[\eta]} = \lim_{D \to 0} \frac{\Delta n}{D(\eta - \eta_s)}.$$

Auch die Bestimmung der Rotationsdiffusionskonstante ist mit Hilfe der Strömungsdoppelbrechung möglich. Für starre Ellipsoide mit den Halbachsen a und b erhält man folgende Abhängigkeit des Auslöschwinkels χ von *Rotationsdiffusionskonstante D_r* und Geschwindigkeitsgefälle D:

$$\chi = 45° - \frac{1}{12} \cdot \frac{D}{D_r} + \left(\frac{1}{1296} + \frac{A^2}{1890}\right)\left(\frac{D}{D_r}\right)^3 + \cdots,$$

$$A = \frac{a^2 - b^2}{a^2 + b^2}.$$

Das heißt, beim Geschwindigkeitsgefälle Null sind alle Moleküle in 45° orientiert. Für kleine D-Werte sollte der Zusammenhang noch linear sein, wobei die Steigung den Wert $-(1/12 D_r)$ aufweist. Damit kann man also aus einer Auftragung von χ gegen D aus der Steigung bei $D = 0$ direkt die Rotationsdiffusionskonstante errechnen.

2.32 Viskosität von Polyelektrolyten und geladenen Teilchen

Hochpolymere, die entlang ihrer Kette ionisierbare Gruppen tragen, nennt man Polyelektrolyte; Polyacrylsäure und die Polyvinylpyridinium-Base sind Beispiele für anionische und kationische Polyelektrolyte. In wässriger Lösung sind sie dissoziiert und werden zu Makro-Ionen; dadurch tragen sie Ladungen, die zusätzliche Kräfte, im wesentlichen elektrostatische Abstoßungskräfte, ausüben. Durch die abdissoziierten Gegenionen und noch mehr durch Fremdionen (z. B. von zugesetzten niedermolekularen Salzen) können diese Ladungen allerdings mehr oder weniger abgeschirmt werden. Auch korpuskulare Teilchen können Ladungen tragen; entweder von sich aus (korpuskulare Proteine) oder durch Adsorption von Fremdionen aus der Lösung. In diesem Fall betrachtet man das Teilchen als eine Kugel, die an ihrer Oberfläche eine Ladung trägt. Dadurch erzwingt sie eine gegenüberliegende Schicht von Gegenionen entgegengesetzten Vorzeichens (elektrische Doppelschicht). Je größer die Entfernung r von der geladenen Oberfläche, desto mehr wird die Wärmebewegung der Ladungstrennung entgegenwirken, und nach einiger Zeit wird die Verteilung der positiven und negativen Ionen völlig gleichmäßig sein. Das geladene Teilchen ist somit gewissermaßen von einer *Ionenwolke* umgeben, die ein Potential ergibt, das vom Maximalwert an der Teilchenoberfläche auf Null nach einem gewissen Abstand absinkt. Debye und Hückel haben dieses Potential ψ näherungsweise berechnet, aus dem Ansatz $\psi \simeq \psi_0 e^{-\kappa r}$ ergibt sich als charakteristische Größe der „reziproke Radius" der Ionenatmosphäre κ; es ist dies der Abstand, bei dem das Potential auf $1/e$ des Maximalwertes gesunken ist. Für kugelige Form der Ionenwolke ist κ gegeben als:

$$\kappa = \sqrt{\frac{4\pi e^2 N_L}{1000 \varepsilon k T} \cdot I} \quad \begin{array}{l} e\text{: Ladung des Elektrons,} \\ \varepsilon\text{: Dielektrizitätskonstante,} \end{array}$$

wobei I die Ionenstärke ist, eine sehr wichtige Größe, die sozusagen die ionische Umgebung des Teilchens charakterisiert. Sie ist definiert als:

$$I = \sum_i m_i \cdot z_i^2 \quad \begin{array}{l} m\text{: molare Konzentration in mol/l des Ions,} \\ z\text{: Wertigkeit des Ions.} \end{array}$$

Sind die molaren Konzentrationen aller Ionen bekannt, so kann I berechnet werden.

Eine andere Betrachtungsweise benutzt das sogenannte Zetapotential ζ. Auch sie geht von der Ionenwolke aus. Wird nun das Teilchen etwa durch hydrodynamische Kräfte bewegt, so wird ein Teil der Ionen mitgenommen, nämlich jene, die sehr nahe an der Oberfläche liegen und daher besonders fest gebunden sind. Die Bewegung wird sich daher an einer Gleitfläche abspielen, die in einem bestimmten Abstand δ von der Oberfläche liegt (wobei meist $\delta < 1/\kappa$). Das Potential an dieser Stelle nennt man Zetapotential (abgekürzt: ZP); es ist somit eine Größe, die nur bei Transporterscheinungen meßbar ist (Abb. 24). Es ist ein Maß für die Netto-Ladung der Teilchen, es beschreibt z. B. deren gegenseitige Abstoßung und damit die Stabilität einer Lösung; starke Verringerung

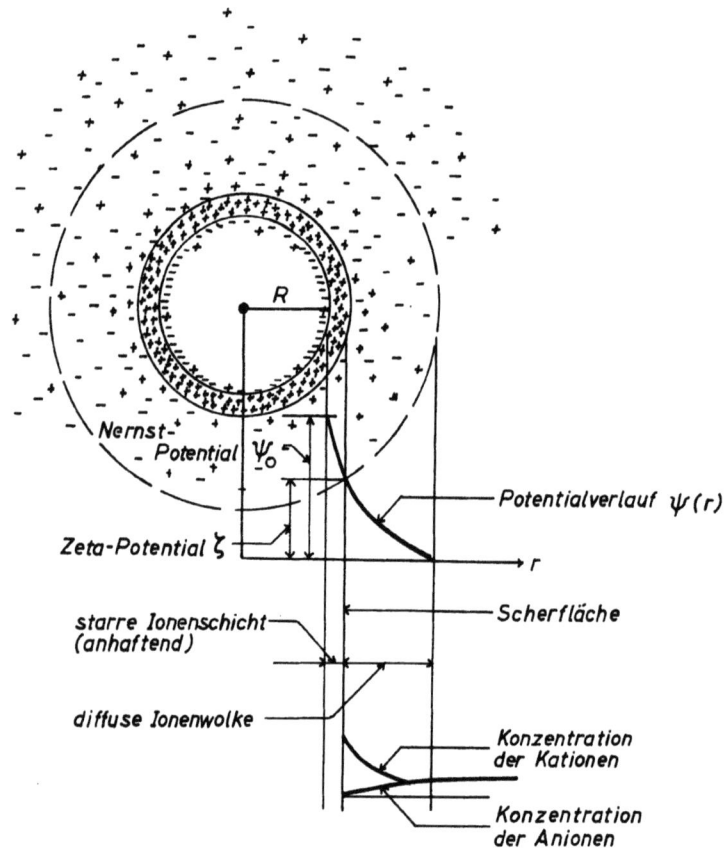

Abb. 24. Elektrische Doppelschicht und Zetapotential

des Zetapotentials führt vielfach zur Ausfällung. Zetapotential und Ionenstärke hängen zusammen; die oben erwähnte Theorie liefert für Kugeln vom Radius R die Beziehung:

$$\zeta = \frac{z \cdot e}{\varepsilon \kappa R^2}.$$

Somit wird

$$\zeta = \frac{K}{I^x},$$

wobei man sich über den Exponenten x noch nicht im klaren ist, er liegt zwischen 0,5 und 0,25.

Gerät nun ein Teilchen, das von einer Ionenwolke umgeben ist, in ein Strömungsfeld, so wird deren Kugelsymmetrie gestört. Dies führt zu einer zusätzlichen Energiedissipation, und man findet eine Zunahme der Viskosität; man spricht von elektroviskosen Effekten.

Je nach der Art der Wirkung unterscheidet man heute drei elektroviskose Effekte (evE):

Der *erste* elektroviskose Effekt (1. evE) bezieht sich auf die Einzelteilchen. Bei Hochpolymeren wird er sich also in einer Vergrößerung der Grenzviskositätszahl äußern, die um so größer ist, je kleiner die Ionenstärke I bzw. je größer das Zetapotential.

Der *zweite* elektroviskose Effekt (2. evE) betrifft die Wechselwirkung der Teilchen untereinander. Die geladenen Teilchen müssen einander infolge ihrer Abstoßung gewissermaßen „ausweichen", was zu einer Viskositätserhöhung führt. Auch dieser Effekt steigt meist mit sinkender Ionenstärke bzw. steigendem Zetapotential. Bei Lösungen von Hochpolymeren bewirkt er, daß die Huggins-Konstante größer wird.

Der *dritte* elektroviskose Effekt (3. evE) schließlich kommt durch Aggregationsvorgänge zustande, die durch das Zetapotential kontrolliert werden. Hier finden wir meist eine Viskositätsabnahme mit zunehmendem Zetapotential bzw. abnehmender Ionenstärke. Er tritt besonders bei konzentrierten Systemen, insbesondere bei Dispersionen auf und ist im wesentlichen für Flockungs- und Fällungsvorgänge verantwortlich. Im Grunde besagt der 3. evE, daß mit zunehmendem Zetapotential die Aggregation sinkt; dies ist meist mit einer Viskositätsabnahme verbunden (obwohl natürlich auch eine Viskositätszunahme möglich ist; es kommt ganz darauf an, ob die Einzelteilchen oder die Aggregate höhere Viskosität haben).

Eine der Folgen der elektroviskosen Effekte ist, daß die Ermittlung der Grenzviskositätszahl Komplikationen zeigt. Trägt man in üblicher weise η_{red} gegen c auf, so kann man die in Abb. 25 dargestellten Kurventypen finden, und zwar Kurve 1 bei geringer, Kurve 2 bei mittlerer und Kurve 3 bei hoher Ionenstärke. Um dieses Verhalten zu klären, gehen wir vom Knäuelmolekül aus, das entlang der Kette Ladungen trägt. Im Falle der Kurve 1 verlassen mit zunehmender Verdünnung mehr und mehr Gegenionen die Ladungsorte des Polyions; diese stoßen einander daher mehr und mehr ab, die Kette wird gestreckt und somit steigt die

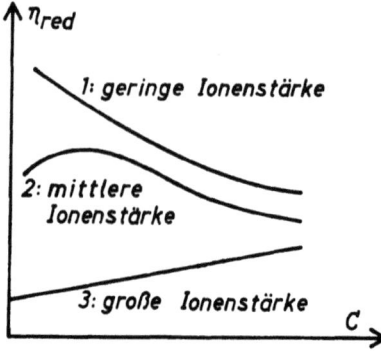

Abb. 25. Konzentrationsabhängigkeit der reduzierten Viskosität bei Polyelektrolyten

Viskosität umso mehr, je größer die Verdünnung wird. Beim Kurventyp 2 ist die Zahl der Gegenionen durch zugesetzte Fremdionen erhöht. Bis zum Maximum spielt sich der gleiche Vorgang wie bei Kurve 1 ab; dann aber wird die Konzentration der Gegenionen des Polyions neben den zugesetzten zu vernachlässigen, die Ionenstärke bleibt bei weiterer Verdünnung etwa gleich, und es ist das Verhalten eines ungeladenen Polymeren — eine fallende Kurve — zu erwarten. Bei der Kurve 3 schließlich sind so viele Fremdionen zugesetzt, daß deren Gegenionen immer bei weitem überwiegen, so daß die Ionenstärke stets konstant ist. Dadurch werden die Ladungen auf dem Polyion abgeschirmt und das Verhalten entspricht dem eines ungeladenen Polymeren, wobei allerdings die Steigungskonstante eine Funktion der Ionenstärke ist.

Man hat auch versucht, die dem 1. evE entsprechende Knäuelaufweitung zu berechnen. Der rücktreibenden Kraft der Entropieelastizität wirkt die elektrostatische Abstoßungsenergie entgegen, und das Gleichgewicht dieser beiden Kräfte ergibt den mittleren Endpunktabstand des geladenen Makromoleküls. In erster Näherung kann man sich denken, daß die Gesamtladung des Makromoleküls $(z \cdot e)$ auf die beiden Endpunkte konzentriert sei, die voneinander den Abstand h_e haben. Die elektrostatische Abstoßungsenergie G_e kann man dann schreiben (Katchalsky)

$$G_e = \frac{z^2 e^2}{4 \varepsilon h_e}.$$

Damit erhält man für den wahrscheinlichsten Wert von $h_{e,w}$:

$$h_{e,w}^2 = \frac{G_e}{3kT} \overline{h}^2 + \frac{2}{3} \overline{h}^2.$$

Man sieht daraus sofort, daß sich für den ungeladenen Knäuel ($G_e = 0$) der richtige Wert für h_w ergibt (vgl. S. 50)
$$h_w^2 = (2/3) \cdot \overline{h}^2.$$
Zum gleichen Resultat kommt man auch aus einer Gleichgewichtsbetrachtung. Der Abstoßungsenergie G_e entspricht eine elektrostatische Abstoßungskraft F_e:
$$F_e = -\frac{\partial G_e}{\partial h_e} = -\frac{z^2 e^2}{4 \varepsilon h_e^2}.$$

Diese Abstoßungskraft setzen wir gleich der entropischen Rückstellkraft F_r für den Endpunktabstand h_e:

$$-F_e = F_r = \frac{z^2 e^2}{4\varepsilon h_e^2} = \frac{3kT}{\overline{h}^2} h_e.$$

Dies ist identisch für den obigen Ausdruck für $h_{e,w}^2$ für den Fall großer elektrischer Kräfte, das heißt wenn $G_e \gg 3kT$, so daß der zweite Term vernachlässigt werden kann.

Aus der obigen Formel für $h_{e,w}^2$ folgt weiterhin

$$\frac{3 h_{e,w}^2}{2 \overline{h}^2} = 1 + \frac{G_e}{2kT}.$$

Da G_e positiv sein muß (die Kraft ist abstoßend, also negativ), folgt $h_{e,w}^2 > (2/3)\overline{h}^2$. Für $G_e \ll 2kT$, also verschwindende Ladung, folgt $h_{e,w}^2 = (2/3)\overline{h}^2$. Die durch die Ladungen bewirkte Aufweitung hängt also vom Verhältnis der elektrostatischen Abstoßungsenergie zur Wärmeenergie ab. Die genaue Berechnung der erstgenannten Größe ist freilich noch nicht befriedigend gelungen; die bisher vorgeschlagenen Näherungen stimmen mit den Experimenten nur mangelhaft überein. Eine weitere Näherung stammt von Hermans-Overbeck:

$$G_e = \frac{3z^2 e^2}{5 \varepsilon R} \cdot \frac{1}{(1 + 0,6 \kappa R + 0,4 \kappa^2 R^2)},$$

wobei man $R \simeq 0,8\sqrt{\overline{h}^2}$ setzen kann. Somit wird $G_e \sim 1/\sqrt{I}$. Das heißt, für $I \to \infty$ ergibt sich $G_e \to 0$, und es wird wieder das Verhalten des ungeladenen Makromoleküls gefunden.

Man sieht daraus, daß man wegen $[\eta]$ prop $\overline{h}^2$ die Polyelektrolyteffekte (genauer: den 1. evE) stets ausschalten kann, wenn man die Ionenstärke groß genug macht. Fuoss hat gezeigt, daß man Kurven vom Typ 1 der Abb. 29 recht gut mit Hilfe folgender Formel extrapolieren kann:

$$\eta_{red} = \frac{A}{1+B\sqrt{c}} \quad \text{bzw.} \quad \frac{1}{\eta_{red}} = \frac{1}{[\eta]} + \frac{B}{A}\sqrt{c} \quad \text{mit} \quad [\eta] = A,$$

wobei man am besten $1/\eta_{red}$ gegen $\sqrt{c}$ aufträgt. Auch für den Zusammenhang zwischen $[\eta]$ und der Ionenstärke I wurden empirische Formeln vorgeschlagen, etwa die Beziehung:

$$[\eta] = [\eta]_\infty + \frac{K}{\sqrt{I}},$$

wobei $[\eta]_\infty$ der Wert der Grenzviskositätszahl bei $I = \infty$ (bzw. bei $\zeta = 0$) darstellt. Diese Beziehung ist ebenfalls empirisch, und über die Potenz von I herrscht noch keine Einigkeit; nach der obigen Formel von Hermans ist sie 0,5, nach Fuoss 1,5.

Smoluchowsky hat die Erhöhung der Grenzviskositätszahl durch den 1. evE für Kugeln theoretisch behandelt und kommt zur Beziehung:

$$[\eta] = [\eta]_\infty \left[1 + \frac{1}{\lambda \eta_s R^2} \left(\frac{\zeta \varepsilon}{2\pi}\right)^2 \right] \qquad \begin{array}{l} \lambda: \text{Leitfähigkeit,} \\ [\eta]_\infty = \dfrac{2,5}{d_{\tilde{a}}} \quad \text{(vgl. S. 61).} \end{array}$$

Man faßt gewöhnlich die elektroviskosen Effekte bei Viskositätsmessungen an Hochpolymeren als „Polyelektrolyteffekte" zusammen; sie äußern sich vor allem in negativen Steigungen in der Viskositäts-Konzentrationskurve (Kurve 1, Abb. 29). Nach all dem Gesagten muß man dann entweder isoionisch arbeiten — also die Verdünnungen so ausführen, daß die Ionenstärke dabei konstant bleibt — oder durch Zusatz von genügend Fremdionen (Salz) die Polyelektrolyteffekte unterdrücken. Ein solcher Zusatz erhöht die Ionenstärke und schirmt die Ladungswirkung ab; in der Sprache des Zetapotentials heißt das, die Ionenwolke wird komprimiert, der Potentialverlauf steiler, und dadurch das Zetapotential verringert.

2.33 Die Rheologie von Flüssigkeiten vom Netzwerk-Typ Netzwerk-Lösungen, Dispersionen, Schmelzen

Bei den nun zu besprechenden Flüssigkeiten — Netzwerk-Lösungen, Dispersionen, Schmelzen — ist die Packung der individuellen Teilchen so eng, daß sie bei Fließvorgängen einander beträchtlich beeinflussen müssen. Das bewirkt ein völlig verändertes rheologisches Verhalten; dieses kann nicht mehr als Wirkung der isolierten Einzelteilchen verstanden werden, sondern nur als Folge der Strukturen, die infolge der engen Packung gebildet werden. Diese Strukturen bestehen bei Makromolekülen in einer gegenseitigen Durchdringung der Ketten; man spricht von Verhängungen (Verschlingungen, Verhakungen; englisch entanglements) und bezeichnet solche Strukturen als Netzwerke; Polymer-Lösungen und Schmelzen sind meist vom Netzwerk-Typ, und zwar oft schon bei Konzentrationen, die im üblichen Sinne als klein gelten, wenn nur das Molekulargewicht hoch genug ist. So ist z. B. bei einer Lösung eines Cellulosetrinitrats vom Molekulargewicht $5 \cdot 10^5$ schon bei einer Konzentration von $0,1\%$ das Netzwerk voll ausgebildet. Bei Dispersionen und Emulsionen werden die Strukturen durch Aggregationsvorgänge gebildet; häufig sind hier elektrische Kräfte und noch zusätzlich Makromoleküle im Spiel, die als Emulgatoren oder Schutzkolloide bezeichnet werden, und die als dritte Komponente bei der Bildung der Strukturen in der Flüssigkeit mitbeteiligt sind.

Solche strukturierte flüssige Systeme zeigen gewöhnlich ein sehr komplexes rheologisches Verhalten. Ihre Viskosität ist sehr stark abhängig vom Geschwindigkeitsgefälle; meist sinkt sie mit diesem, dann nennt man das Verhalten strukturviskos, im gegenteiligen Fall dilatant. Strukturviskose Systeme, die aus gelösten Makromolekülen bestehen, sind immer auch elastisch; bei strukturviskosen Dispersionen kann die Elastizität auch fehlen. Zusätzlich zu dieser Scherabhängigkeit kann aber auch eine Abhängigkeit der Viskosität von der Zeit auftreten. Sinkt die Viskosität bei konstantem Geschwindigkeitsgefälle mit der Zeit, so spricht man von *Thixotropie*, steigt sie, von *Rheopexie*. Thixotropie tritt praktisch immer gemeinsam mit Strukturviskosität auf. Bei Dispersionen finden wir häufig noch eine weitere Komplikation. Bei sehr kleinen Werten des Geschwindigkeitsgefälles verhält sich das System wie ein Festkörper, das heißt, es fließt überhaupt nicht. Erst wenn die Schubspannung einen gewissen Mindestwert f, den man die Fließgrenze nennt, übertrifft, tritt Fließen ein. Folgt das Fließen hierauf dem Newtonschen Gesetz, so spricht man von *Bingham-Verhalten* und schreibt:

$$\tau - f = \eta_B \cdot D \qquad \eta_B: \text{Bingham-Viskosität.}$$

Meist ist aber eine Fließgrenze mit Strukturviskosität und Thixotropie verbunden.

Da Netzwerk-Lösungen und Schmelzen große Abweichungen vom Newtonschen Fließgesetz zeigen, kann man sie nicht durch eine Newtonsche Viskosität charakterisieren. Man definiert daher die „scheinbare Viskosität" η', die einfach gegeben ist als Quotient:

$$\eta' = \frac{\tau}{D} \quad \begin{array}{l} \tau\text{: Schubspannung,} \\ D\text{: Geschwindigkeitsgefälle.} \end{array}$$

Die Größe η' ist eine Funktion des Geschwindigkeitsgefälles und der Zeit; man kann sie Punkt für Punkt messen. Sie ist eine Äquivalentgröße; sie gibt nämlich jene Viskosität an, die eine Newtonsche Flüssigkeit bei gleichem τ und D haben würde. Die Funktion $\eta'(D)$ nennt man Fließkurve, die Funktion $\eta'(D, t)$ Fließfläche.

Lösungen und Schmelzen kann man weitgehend mit dem gleichen Formalismus beschreiben. Bei Lösungen muß man von der Lösungsviskosität die Viskosität des Lösungsmittels η_s abziehen, man betrachtet also den Ausdruck $\eta' - \eta_s$, wo man bei Schmelzen einfach die Schmelzviskosität η' einsetzt. An die Stelle der Konzentration c (in g/ml) tritt bei Schmelzen deren Dichte d.

Die genannten Fließformen werden sehr oft verwechselt und durcheinandergebracht; insbesondere wird meist nicht deutlich zwischen der Scherabhängigkeit und der Zeitabhängigkeit der Viskosität unterschieden. Im allgemeinsten Falle muß man daher die Viskosität als Funktion von Geschwindigkeitsgefälle D und der Zeit t angeben, was man am besten durch getrennte Messung und der Darstellung als Fließfläche $\eta'(D, t)$ erreicht. Nur auf diese Weise gelingt eine wirklich vollständige Beschreibung des Fließverhaltens. Bei Polymerlösungen ist allerdings die Zeitabhängigkeit meist so gering, daß man sie meist vernachlässigt.

In Tabelle 4 sind nochmals alle erwähnten Fließformen schematisch zusammengestellt.

Tabelle 4. Schema der Fließformen

Typ	η'	D	t	Fließgrenze f	Elastoviskosität
Newtonisch	–	–	–	–	–
Plastisch (Bingham)	–	–	–	+	–
Strukturviskos (pseudoplastisch)	f	–	–	–	+
Dilatant	s	–	–	–	+
Thixotrop	f oder –	f		+ oder –	– oder +
Rheopex	–	s		– oder +	– oder +

s: η steigt ⎫
f: η fällt ⎬ mit steigendem Parameter.
–: nicht vorhanden.
+: vorhanden.

2.34 Die Netzwerk-Lösungen

Netzwerklösungen liegen nicht nur bei konzentrierten Lösungen im üblichen Sinne vor, sondern auch schon bei mäßig konzentrierten, wenn das Molekulargewicht groß genug ist. Auch Schmelzen bilden meist Netzwerke. Voraussetzung ist in allen Fällen, daß ein gewisses Mindestmolekulargewicht M_e überschritten wird, also $M > M_e$ — wobei im Falle von Lösungen M_e von der Lösungskonzentration abhängt und umso größer wird, je kleiner c, so daß $M_e \cdot c^x = $ const (mit $0 \leq x \leq 2$). Zur Untersuchung von Netzwerklösungen sind rheologische Methoden besonders geeignet. Man erhält naturgemäß hier nicht mehr Information über das isolierte Molekül, sondern über das Verhalten des Netzwerkes. Man könnte auch sagen: während Messungen an Partikellösungen uns Information über die Geometrie der Einzelmoleküle liefern, erhalten wir aus Messungen an Netzwerklösungen Kenntnis über die dynamischen Eigenschaften der Molekülketten und über die Art des gebildeten Netzwerkes.

2.35 Platzwechselkonzept und Temperaturabhängigkeit

Für das Fließen von einzelnen Teilchen hat man das Platzwechselkonzept entwickelt. Das Fließen wird danach aufgefaßt als eine Folge von Platzwechselsprüngen, die die einzelnen Teilchen von ihrer Ruhelage in ein benachbartes „Loch" ausführen. Dabei müssen sie einen Potentialberg überwinden, die sogenannte Aktivierungsenergie. Beim Fließen werden die Platzwechsel, die an sich in jeder Richtung gleich wahrscheinlich sind, durch die Schubspannung in der Strömungsrichtung erleichtert, in der entgegengesetzten Richtung erschwert, so daß es dadurch zum Fließvorgang kommt.

Bezeichnen wir die Fließaktivierungsenergie als E, so werden alle jene Teilchen Platzwechsel ausführen, die eine Energie größer als E besitzen. Ihre Anzahl ist für jede Temperatur nach dem Boltzmann'schen Verteilungssatz gegeben. Auf der anderen Seite muß die Zahl dieser Platzwechsel auch proportional der Fluidität, also der reziproken Viskosität sein. Wir erhalten also

$$\frac{1}{\eta} = K \cdot e^{-E/RT}.$$

Damit haben wir auch bereits eine Beziehung für die Temperaturabhängigkeit der Viskosität gewonnen, die zumindest über kleinere Temperaturbereiche recht gut gilt (über größere Bereiche variiert das E). Man kann somit die Aktivierungsenergie E bestimmen, wenn man nach

$$\ln \eta = \ln(1/K) + E/RT$$

$\ln \eta$ gegen $1/T$ aufträgt, die Steigung dieser Geraden ist E/R. Man findet Aktivierungsenergien von etwa 1–4 kcal. Diese Betrachtung kann man auch auf die Netzwerklösungen anwenden; man betrachtet hier Platzwechselsprünge von Segmenten der Knäuelmoleküle, die über Konformationswechsel erfolgen und natürlich noch dadurch erschwert sind, daß die springenden Segmente Teile des Gesamtnetzes sind.

Eine weitere Formel für die Temperaturabhängigkeit, die insbesondere für sehr konzentrierte Lösungen und Schmelzen gilt, wurde von Ferry und Mitarbeitern entwickelt, sie ist als WLF-Gleichung bekannt und lautet:

$$\ln \frac{\eta}{\eta_1} = \frac{A \cdot (T - T_1)}{B + T - T_1},$$

wobei η_1 die Referenzviskosität bei einer bestimmten Referenztemperatur T_1 ist; A und B sind Konstante. Den Ausdruck $\ln \eta/\eta_1$ nennt man auch den Verschiebungsfaktor a_T.

2.36 Die Fließkurven

Die auffälligste Erscheinung der Netzwerklösungen ist die starke Abhängigkeit der Viskosität vom Geschwindigkeitsgefälle. Meist sinkt die Viskosität mit steigendem Geschwindigkeitsgefälle (Strukturviskosität). Aus den Messungen erhält man das Geschwindigkeitsgefälle D und die Schubspannung τ; den Quotienten τ/D nennt man die scheinbare Viskosität η'. Als Fließkurven bezeichnet man Funktionen, die zwei der genannten Größen enthalten, also etwa

$$D = f(\tau), \quad \eta' = f(D), \quad \eta' = f(\tau).$$

Sehr häufig wird die erste Darstellung angewandt. Da sich die Meßwerte von D und τ häufig über mehrere Zehnerpotenzen erstrecken, wird meist $\log D$ gegen $\log \tau$ aufgetragen. In den Fließkurven muß man natürlich kommensurable Größen auftragen (etwa D und τ am Rand der Kapillare); wie man diese Größen errechnet, ist in Rheologie-Büchern genauer ausgeführt.

Abb. 26 zeigt zwei solche Fließkurven. Man sieht, daß die Viskosität bei sehr kleinen D-Werten konstant ist, man nennt sie η_0 und spricht vom ersten *Newton*schen *Bereich*. Dann folgt das Gebiet der Strukturviskosität mit seiner s-förmigen Krümmung, deren Wendepunkt mit $\hat{D}$ bezeichnet wird. Bei sehr hohen D-Werten folgt der zweite Newton'sche

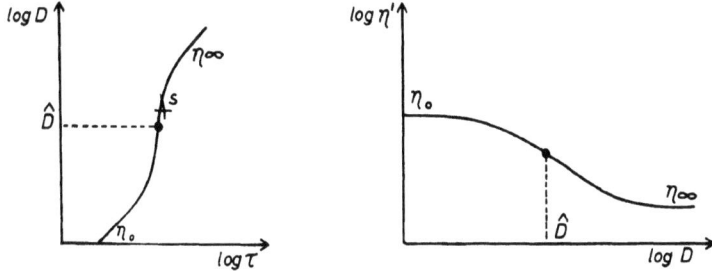

Abb. 26. Fließkurven-Darstellungen

Bereich, auch mit η_∞ bezeichnet. In der $\log D$ vs. $\log \tau$ Fließkurve entsprechen die η_0 und η_∞ Bereiche Geraden mit 45° Neigung, in der $\log \eta'$ vs. $\log D$ (oder $\log \tau$) Darstellung waagrechten Linien. Die Steigung der $\log D$ vs. $\log \tau$ Fließkurve s ist gegeben durch:

$$s = \frac{d\log D}{d\log \tau} = \frac{\tau}{D} \cdot \frac{dD}{d\tau}.$$

Sie ist im Wendepunkt $\hat{D}$ maximal und bei η_0 und η_∞ gleich eins. Den Quotienten $d\tau/dD$ nennt man auch die differentielle Viskosität η_d, während der Quotient τ/D die scheinbare Viskosität η' ist. Beide hängen über s zusammen:

$$\eta' = s \cdot \eta_d.$$

Bei Newtonschen Flüssigkeiten ($s = 1$) sind beide gleich, bei Strukturviskosität ist wegen $s > 1$ $\eta' > \eta_d$. Eigentlich ist die differentielle Viskosität die wahre Viskosität; die scheinbare Viskosität ist jene, die eine Newtonsche Flüssigkeit bei gleichem τ und D haben würde. In nicht logarithmischen Fließkurven (also τ vs. D) stellt die differentielle Viskosität in einem Punkt die Tangente (Differentialquotient), die scheinbare dagegen die Sekante dar.

Man hat für die Fließkurven einige empirische Zusammenhänge entdeckt. So hängt der Wendepunkt der $\log D$ vs. $\log \tau$ Fließkurven mit dem Molekulargewicht der gelösten Teilchen zusammen nach

$$\hat{D} = a \cdot M^{-b},$$

wobei a und b durch Eichmessungen zu bestimmende Konstanten sind (vgl. Tabelle 5). Die Steigung s hängt mit der Lösungskonzentration zusammen nach

$$s - 1 = k \cdot c.$$

Tabelle 5. Konstanten für die Gleichung $\hat{D} = a \cdot M^{-b}$

Substanz/Lösungsmittel	°C	$c\%$	a	$-b$
Cellulosetrinitrat/Butylacetat	25		$3{,}3 \cdot 10^{16}$	2,4
Na-Carboxymethylcellulose/6 % NaOH	25		$1{,}0 \cdot 10^{22}$	3,5
Na-Cellulosexanthogenat/8 % NaOH	25		$9{,}7 \cdot 10^{36}$	4,5
Cellulosetriacetat/Äthylenchlorhydrin	25	1	$2{,}94 \cdot 10^{14}$	1,88
Cellulose/EWNN	25	0,1	$2{,}06 \cdot 10^{9}$	0,9
Cellulose/Cuen	25	1	$1{,}49 \cdot 10^{19}$	2,8
Naturkautschuk/Toluol	25		$1{,}76 \cdot 10^{20}$	2,72
Polyacrylnitril/Dimethylformamid	25		$3{,}4 \cdot 10^{12}$	1,75
Polystyrol/Toluol	25	1	$9{,}2 \cdot 10^{10}$	1,1
Polyisobutylen/Toluol	25	1	$2{,}52 \cdot 10^{13}$	1,56
	25	0	$6{,}18 \cdot 10^{10}$	1,07
Polymethylmethacrylat/Toluol	25	1	$1{,}8 \cdot 10^{11}$	1,22
	25	0	$9{,}1 \cdot 10^{10}$	1,15
Polyvinylacetat/Dioxan	25	1–5	$8{,}7 \cdot 10^{8}$	0,7
Polyvinylpyrrolidon/Wasser	25	3	$2{,}55 \cdot 10^{15}$	2,67
Polyäthylen/Tetralin	130	1	$3{,}66 \cdot 10^{8}$	0,68
Polyvinylalkohol/Wasser*	40	15	$4{,}0 \cdot 10^{6}$	0,87
Polyisobutylen/Schmieröl	25	2–20	$2{,}82 \cdot 10^{10}$	1,65

* Messungen mit einem Schwingungsviskosimeter, $\hat{f}$ (Frequenz) an Stelle von $\hat{D}$ verwendet.

Trägt man die Größe $(s-1)/(\hat{s}-1)$ gegen $(a/\hat{D})^{1/b} = M$ auf ($\hat{s}$: Steigung im Wendepunkt), so erhält man die sogenannten PD-Kennkurven, die in erster Näherung den differentiellen Verteilungskurven entsprechen.

Leider gelang es bisher noch nicht, eine allgemein gültige Formel für die Fließkurven abzuleiten; man muß sie daher experimentell Punkt für Punkt bestimmen. Jedoch hat man Näherungsformeln gefunden, mit denen man mehr oder weniger große Bereiche (meist etwa eine

Zehnerpotenz) analytisch beschreiben kann. Die wichtigste dieser Näherungsformeln ist das *Potenzgesetz*, erstmals von Ostwald-deWaele vorgeschlagen:

$$D = k \cdot \tau^s.$$

Man sieht sofort, daß die doppeltlogarithmische Auftragung eine Gerade mit der Neigung s ergibt. Eyring hat die folgende Formel vorgeschlagen (auf Grund der Platzwechseltheorie abgeleitet):

$$D = \frac{1}{\beta} \sinh \alpha \tau \quad \alpha, \beta: \text{Konstante}.$$

Weitere Näherungsformeln sind:

$$\frac{\eta_0}{\eta'} = 1 + \frac{\tau}{G}; \quad \frac{\eta' - \eta_\infty}{\eta_0 - \eta_\infty} = \frac{1}{1 + (2\tau^2/3G^2)},$$

wobei G jeweils einen nicht näher definierten Schermodul darstellt.

2.37 Die Struktur von Netzwerklösungen

Eine anschauliche Theorie über die Netzwerklösungen hat Bueche entwickelt. Sie geht ebenfalls von Platzwechseln aus; das Fließen kommt durch Platzwechselsprünge der Frequenz J und der Länge δ zustande. Enthält die Molekülkette N Segmente, die Platzwechselsprünge ausführen, so ist die Reibung für die ganze Kette

$$N \cdot f_0 = N \cdot \frac{6kT}{J\delta^2} \quad \begin{array}{l} f_0: \text{Reibungsfaktor für ein Segment,} \\ \text{wobei } \eta = f(f_0). \end{array}$$

Die Verhängungen (vgl. S.76) werden dadurch erfaßt, daß man die Zahl der Segmente N durch eine fiktive, größere Zahl N^x ersetzt und dadurch die bremsende Wirkung der mitgeschleppten verhängten Ketten kompensiert. Sobald das Molekulargewicht einen bestimmten kritischen Wert M_e überschreitet und Verhängungen auftreten können, muß also Nf_0 durch $N^x \cdot f_0$ ersetzt werden. N bzw. N^x sind verschiedenen Potenzen des Molekulargewichtes M proportional, und Bueche erhält für die Viskosität bei sehr kleinen Geschwindigkeitsgefällen (bzw. für $D \to 0$):

$$\eta_0 = K \cdot M^1 \quad \text{für } M < 2M_e,$$
$$\eta_0 = K \cdot M^{3,5} \quad \text{für } M > 2M_e.$$

In ähnlicher Weise kann auch die Konzentrationsabhängigkeit behandelt werden, wenngleich hier die Sache nicht so klar ist. Nach Bueche sollte für $M < 2M_e$ die Viskosität c^1 proportional sein, für $M > 2M_e$ dagegen c^4.

Die praktische Folge dieser Betrachtungen sind die „Knickdiagramme". Trägt man nämlich $\log \eta_0$ (bei Lösungen $\log(\eta_0 - \eta_s)$) gegen $\log M$ auf, so ergeben sich zwei gerade Linien der Neigungen 1 und 3,5, die sich bei $M = 2M_e$ mehr oder weniger knickartig schneiden. Man erhält den Knick durch Interpolation, er wird oft als M_c bezeichnet ($M_c = 2M_e$). In vielen Fällen sind die Exponenten nicht genau 1 und 3,5; einen Knick kann man aber meist ziemlich gut ermitteln (Abb. 27).

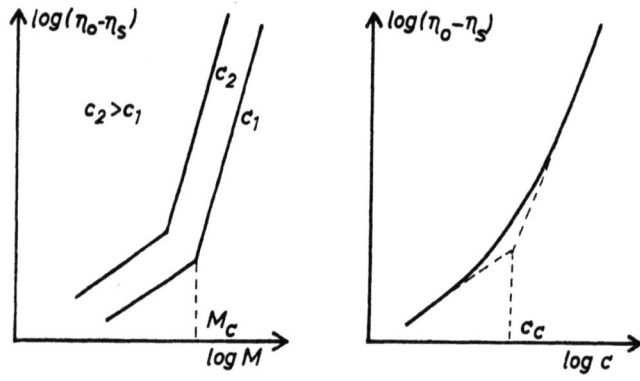

Abb. 27. Knickdiagramme

Auch bei Auftragungen von $\log \eta_0$ gegen $\log c$ sollte man nach dem Gesagten einen Knick c_c erhalten; doch ist dieser Knick viel schwieriger zu bestimmen, da man häufig gekrümmte Kurven erhält; die Exponenten weichen meist von der Theorie ab. Bei Lösungen ist M_e konzentrationsabhängig, man findet $M_e \cdot c^x = \text{const}$, wobei $0 < x < 2$.

Die Größe M_e ist das Molekulargewicht zwischen zwei Verhängungspunkten. Man nennt diese Größe auch Netzbogengewicht; sie ist ein Maß für die Maschenweite des Netzes und hängt mit der Zahl ν der Verhängungen pro cm³ zusammen nach:

$$\nu = \frac{c \cdot N_L}{M_e}$$

wobei c die Konzentration in g/ml (bei Schmelzen die Dichte) ist. Aus der Zahl der Verhängungen kann man einen Entropie-Schermodul ausrechnen nach

$$G = \nu k T.$$

2.38 Das scheinbare statistische Fadenelement

Denken wir uns eine reale Netzwerk-Lösung durch ein Modell ersetzt, in dem Knäuelmoleküle so aneinanderstoßen, daß sie einander jeweils am Rande gerade überlappen, so daß also gerade ein Netzwerk gebildet wird, so können wir jedes dieser gedachten Knäuelmoleküle durch ein gedachtes Fadenelement charakterisieren. Es handelt sich hier um ein Äquivalentmodell, das Fadenelement nennen wir scheinbares statistisches Fadenelement A'. Es ist ein Maß für die Verknäuelung der Netzbögen und kann aus M_e errechnet werden nach

$$A' = 2{,}16 \cdot 10^{-16} \cdot \frac{m_0}{l_0} \cdot \frac{1}{\sqrt{M_e \cdot c^2}} \qquad m_0, l_0: \text{Molekulargewicht bzw. Länge des Grundbausteins.}$$

In der Regel fällt A' mit steigender Konzentration; für $c=0$ geht es in das echte statistische Fadenelement über, wie man es aus anderen Messungen bekommt. Auch eine „Netzwerk-Segmentdichte" (Netzbogendichte) d_N kann man errechnen nach:

$$d_N = c \sqrt{\frac{M_e}{M}} = c \sqrt{\frac{RT}{GM}}^{3/2}.$$

Man darf sich das Netzwerk in der Netzwerk-Lösung jedoch nicht statisch und unveränderlich vorstellen. Meist werden die Verhängungen temporär sein; sie werden zerrissen und wieder gebildet. Die Zahl der Verhängungen ν ist also ein Mittelwert, der mit der mittleren Lebensdauer der einzelnen Verhängungen zusammenhängt. Überdies kann auch ein hohes Geschwindigkeitsgefälle zu Zerreißungen führen, so daß meist ν mit zunehmendem D abnehmen wird. Man kann daher das Netzwerk der ruhenden Lösung nur aus den η_0 Werten erschließen.

Weiter wurde bisher angenommen, daß überlappende Molekülketten einander völlig frei durchdringen könnten. Das ist nun nicht immer der Fall, es kann auch sein, daß die sich berührenden Molekülknäuel zunächst komprimiert werden, so daß Verhängungen nicht über das ganze Molekül gleichmäßig gebildet werden, sondern nur am Rande. Das Innere wäre dann gewissermaßen nicht zugänglich. Man spricht dann von behinderter Durchdringungen. Dementsprechend muß man unterscheiden zwischen

Netzwerk mit freier Durchdringung,
Netzwerk mit behinderter Durchdringung,
Netzwerk ohne Durchdringung.

Netzwerke ohne Durchdringung wurden von Vollmert als „*Zellenmodell*" für die Struktur von manchen Polymerlösungen postuliert. Man kann den Durchdringungsgrad ermitteln, wenn man die Verhängungszahl v einmal aus M_e errechnet, und einmal direkt mißt. Der Quotient beider Größen ist ein Maß für den Durchdringungsgrad, er wurde als „Verhängungsbruch" VB bezeichnet, der für freie Durchdringung 1 und für völlig fehlende Durchdringung 0 ist. Die direkte Messung der Verhängungszahl v kann über den Schermodul G erfolgen nach:

$$v = \frac{G}{kT}.$$

Die Elastizität der Netzwerklösungen, die man durch Angabe eines Schermoduls G charakterisiert (er liegt bei 10^2 bis 10^4 dyn/cm^2), äußert sich in dem Auftreten von Normalspannungen beim Fließen, sowie in rheologischen Effekten wie dem Barus-Effekt (Aufweitung eines Strahles nach Verlassen einer Düse) und dem Weissenberg-Effekt (Hochkriechen einer Flüssigkeit an einem sich drehenden Stab); beide Effekte sind in Abb. 28 schematisch dargestellt. Aus der Normalspannung kann man direkt den Schermodul berechnen; bezeichnet man sie mit τ_n, so gilt

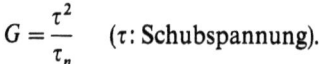

$$G = \frac{\tau^2}{\tau_n} \quad (\tau: \text{Schubspannung}).$$

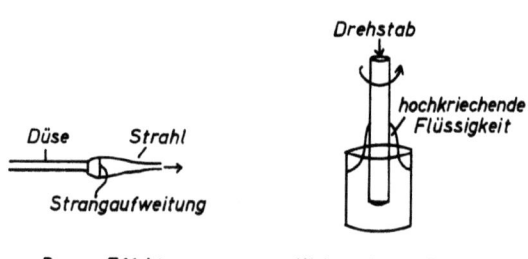

Abb. 28. Barus-Effekt — Weißenberg-Effekt

In sogenannten „Elastoviskosimetern" kann man aus Messungen der Anlaufvorgänge (die sich in 10^{-3} bis 10^{-2} sek abspielen) den Schermodul direkt ermitteln.

In der Tabelle 6 sind zuletzt nochmals für die Partikel-Lösung und für die Netzwerk-Lösung die einander entsprechenden charakteristischen Größen zusammengestellt.

Tabelle 6.

Partikel-Lösung	Netzwerk-Lösung
Gewichtskonzentration c	Gewichtskonzentration c
Molekulargewicht M	Netzbogengewicht M_e
Molare Konzentration $m = \dfrac{c N_L}{M}$ (pro cm³)	Zahl der Verhängungen $v = \dfrac{c N_L}{M_e}$ (pro cm³)
Mittlerer Endpunktsabstand $\sqrt{\overline{h^2}}$ ($\sim$ Knäueldurchmesser)	Maschenweite $D_N = \sqrt[3]{\dfrac{6 M_e}{c \cdot N_L}}$
Statistisches Fadenelement A	Scheinbares Fadenelement A'
Knäueldichte d_K	Netzbogendichte $d_N = c \sqrt{\dfrac{M_e}{M}}$
Knäuelaufweitung ε ($\varepsilon = (2Q - 1)/3$)	Verhängungsbruch VB

2.39 Allgemeines über Transportvorgänge

Viskoses Fließen, Diffusion, Sedimentation und elektrokinetische Vorgänge faßt man auch als Transportvorgänge zusammen. Sie sind irreversibel und passieren somit in Systemen, die nicht im Gleichgewicht sind. Man kann solche Systeme auf zwei Weisen betrachten: entweder man untersucht, wie sich die Teilchen unter der Einwirkung der auf sie ausgeübten Kräfte verhalten, oder aber man betrachtet das System als nicht zu weit vom Gleichgewicht entfernt und dem Gleichgewicht zustrebend, und wendet die Methoden der Thermodynamik der irreversiblen Prozesse an.

Die erste Methode betrachtet ein Molekül in Lösung, auf das eine äußere Kraft F wirkt; diese kann hydrodynamisch, zentrifugal oder elektrisch sein. Dadurch wird das Teilchen in Bewegung gesetzt und erfährt nun eine Reibungskraft, die der Geschwindigkeit v proportional ist. Wenn äußere Kraft und Reibungskraft gleich sind, wird eine konstante Geschwindigkeit v erreicht.

$$F = -fv,$$

wobei f der Reibungskoeffizient des Teilchens ist; er hängt von der Größe und Gestalt der Teilchen ab.

Die Thermodynamik irreversibler Prozesse führt auftretende äußere Kräfte auf Gradienten von „Potentialen" zurück, die in der Lösung bestehen. Solche „Potentiale" können Schwerkraft, elektrische Spannung, chemischen Potential (freie Enthalpie) sein. Sind sie über die ganze Lösung konstant, so tritt kein Transport auf; ändern sie sich in einer Richtung, so wird in dieser Richtung ein Transport erfolgen, der danach trachtet, den Potentialgradienten auszugleichen. Man beschreibt den Transport durch den „*Fluß*" J, das ist der Transport pro Zeiteinheit und durch die Einheitsfläche. Werden z. B. in einem Bereich der Lösungskonzentration c die Teilchen mit einer Geschwindigkeit v transportiert, so wird der Fluß des Gelösten:

$$J = v \cdot c.$$

Wenn der Fluß J in x-Richtung durch den Gradienten des Potentials U verursacht ist, so können wir schreiben:

$$J = -L \cdot \frac{\partial U}{\partial x},$$

wobei L eine Proportionalitätskonstante (der Transport-Koeffizient) ist. Man nennt L auch einen „phänomenologischen Koeffizienten".

Wir können nun beide Betrachtungsweisen verbinden. Die Kraft auf ein Molekül F ist:

$$F = -\frac{1}{N_L} \cdot \frac{\partial U}{\partial x}.$$

Damit ergibt sich
$$cv = N_L L F,$$
oder
$$v = \frac{N_L L}{c} \cdot F.$$

Das heißt, wir haben

$$L = \frac{c}{N_L f},$$

wobei $N_L \cdot f$ der Reibungsfaktor pro Mol ist.

Eine wichtige Beziehung ergibt sich aus der Tatsache, daß die Konzentration zunehmen muß, wenn in einem Gebiet der Zufluß größer ist als der Abfluß. Man drückt dies durch die Kontinuitätsgleichung aus:

$$\frac{\partial c}{\partial t} = -\frac{\partial J}{\partial x}.$$

Zuletzt sei noch erwähnt, daß sehr oft mehrere Flüsse J_i zugleich vorkommen; dann muß man für jeden Fluß die obigen Gleichungen ansetzen. Die einzelnen Flüsse hängen voneinander ab; diese Abhängigkeit wird durch die entsprechenden L_{ij}-Werte beschrieben (vgl. S. 34; dort wurden die Kräfte allgemein mit X bezeichnet).

2.40 Diffusion

Bringt man eine lösliche Substanz so in ihr Lösungsmittel, daß sie zunächst nur einen kleinen Teil davon einnimmt, so wird sie trachten, sich gleichmäßig über die ganze Flüssigkeit zu verteilen. Diese Erscheinung heißt Diffusion, sie wirkt unabhängig von der Schwerkraft und wird durch die Wärmebewegungen der Moleküle bewirkt. Sie folgt dem *1. Fickschen Gesetz*:

$$J = -D \cdot \frac{dc}{dx},$$

wobei J der Diffusionsstrom ist, das heißt der Nettobetrag an Substanz, die in der Zeiteinheit durch die Flächeneinheit durchtritt. J ist dem Konzentrationsgradienten proportional, die Proportionalitätskonstante ist D, der Diffusions-Koeffizient ($cm^2 \cdot sek^{-1}$). D hängt mit der Reibungskonstanten f zusammen nach

$$D = \frac{kT}{N_L \cdot f},$$

wobei f auf ein Molekül bezogen ist, und dementsprechend $N_L \cdot f$ für ein Mol gilt. Die Reibungskonstante kann für einfachere Formen berechnet werden; man erhält:

Kugel mit Radius r: $f_K = 6\pi\eta_s r$ (Stokessches Gesetz), langgestrecktes Ellipsoid (Halbachsen a,b,b):

$$f = \frac{6\pi\eta_s(ab^2)^{1/3}[1-(b^2/a^2)]^{1/2}}{(b/a)^{2/3}\ln\left\{\dfrac{1+[1-(b^2/a^2)J^{1/2}]}{b/a}\right\}},$$

Knäuelmolekül (nach Kirkwood-Riseman):

$$f = \frac{n \cdot f_K}{(1+Nf_K/6\pi\eta_s R'_0)}; \quad f_K = 6\pi\eta_s b,$$

$R'_0 = 0{,}27\sqrt{\overline{h^2}}\ b$: Radius eines Segmentes, N: Zahl der Segmente.

Die mittlere quadratische Verschiebung in der x-Achse, die während der Zeit t erfolgt, ist:

$$\overline{x}^2 = 2Dt = \frac{2kT}{f} \cdot t.$$

Bei Polymeren ist D meist konzentrationsabhängig; man muß dann durch Extrapolation den Wert von D für $c=0$ ermitteln, das D_0.

Nun wollen wir die Diffusion mit Hilfe der irreversiblen Thermodynamik beschreiben. Wir betrachten den Fluß der gelösten Teilchen J_2; als treibende Kraft wollen wir die partielle freie Enthalpie $\overline{G}_2$ (chemisches Potential μ_2) ansehen, das in der gleichmäßig gemischten Lösung am kleinsten ist. Wir erhalten somit:

$$J_2 = -L_2 \cdot \frac{\partial \overline{G}_2}{\partial x},$$

wobei $\overline{G}_2$ die partielle freie Enthalpie bzw. das chemische Potential des Gelösten ist. Bei konstantem Druck und Temperatur gilt weiterhin:

$$\frac{\partial \overline{G}_2}{\partial x} = \frac{\overline{\partial G_2}}{\partial c_2} \cdot \frac{\partial c_2}{\partial x}.$$

Weiter ist $G_2 = -\mu_2 = \mu_2^c + RT\ln a_2$. Setzen wir die Aktivität $a_2 = \gamma_2 \cdot c_2$ (γ_2 = Aktivitätskoeffizient), so erhalten wir:

$$J_2 = -\frac{L_2 RT}{c_2}\left(1 + c_2 \cdot \frac{\partial \ln\gamma_2}{\partial c_2}\right) \cdot \frac{\partial c_2}{\partial x}.$$

Setzen wir nun noch $L_2/c_2 = 1/N_L \cdot f_2$, so erhalten wir:

$$J_2 = -\frac{RT}{N_L f_2}\left(1 + c_2 \frac{\partial \ln \gamma_2}{\partial c_2}\right) \cdot \frac{\partial c_2}{\partial x}$$

f: Reibungskonstante eines gelösten Moleküls.

Man führt nun den Diffusions-Koeffizienten D_2 ein und schreibt:

$$J_2 = -D_2 \cdot \frac{\partial c_2}{\partial x},$$

wobei

$$D_2 = \frac{RT}{Nf_2}\left(1 + c_2 \cdot \frac{\partial \ln \gamma_2}{\partial c_2}\right).$$

Die obige Gleichung ist wieder das 1. Ficksche Gesetz, es besagt, daß der Fluß aufhört, wenn die Konzentration gleichmäßig geworden ist. Der Diffusions-Koeffizient besteht im wesentlichen aus dem Verhältnis der kinetischen Energie der Moleküle RT und dem Reibungswiderstand $N_L f_2$. Der Korrekturtherm $[1 + c_2(\partial \ln \gamma_2/\partial c_2)]$ trägt der Tatsache Rechnung, daß das chemische Potential auch von Abweichungen von der Idealität der Lösung abhängt. Für ideale Lösungen ist die Aktivität gleich der Konzentration, daher $\gamma_2 = 1$ und wir erhalten für D den schon früher angegebenen Wert $D = RT/(N_L \cdot f)$.

Das 1. Ficksche Gesetz gibt uns noch keinen Hinweis über die Konzentrationsänderungen mit der Zeit, die wir allein messen können. Um dies zu erhalten, müssen wir es mit der Kontinuitätsgleichung kombinieren; dabei erhalten wir das *2. Ficksche Gesetz*:

$$\frac{\partial c_2}{\partial t} = D \cdot \frac{\partial^2 c_2}{\partial x^2}.$$

Durch Lösung dieser Differentialgleichung gelangen wir zu Beziehungen, mit denen wir die Diffusion direkt verfolgen können. So ergibt sich für den Konzentrationsgradienten:

$$\frac{\partial c_2}{\partial x} = \frac{c_0}{2\sqrt{\pi D t}} \cdot e^{-\frac{x^2}{4Dt}} \qquad c_0: \text{Ausgangskonzentration.}$$

Er folgt also einer Gauß-Kurve; nennen wir deren Höhe H und die Fläche unter der Kurve A, so erhalten wir:

$$\frac{A}{H} = 2 \cdot \sqrt{\pi \cdot D \cdot t}.$$

Im Laufe eines Diffusionsprozesses wird der scharfe Konzentrationsgradient verbreitert, das heißt die entsprechende Gauß-Kurve wird breiter und niedriger bei gleichbleibender Fläche (Abb. 29). Man kann dies mit Hilfe von Schlieren-Optik messen; trägt man sodann den Ausdruck $(A/H)^2$ gegen t auf, so erhält man eine Gerade mit der Steigung

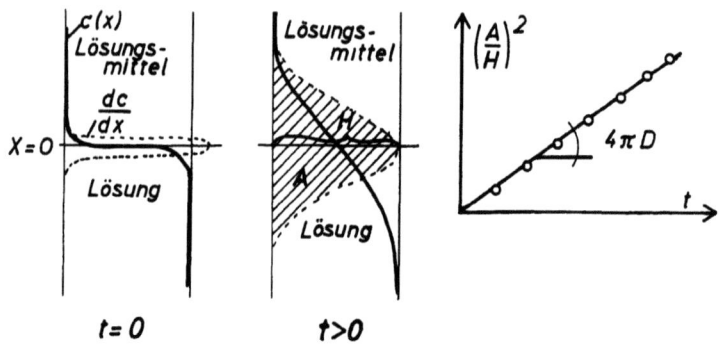

Abb. 29. Der Diffusionsvorgang

$4\pi D$. Man kann auch direkt die Konzentration an verschiedenen Stellen der Zelle mit einem Interferometer messen; zur Auswertung muß das 2. Ficksche Gesetz für c_2 gelöst werden.

Man mißt die Diffusionskonstante gewöhnlich in „Diffusionszellen"; man gibt in einen Teil der Zelle die Lösung, in den anderen das Lösungsmittel; beide Teile sind durch eine Wand getrennt. Nun entfernt man die Wand rasch, ohne Turbulenz zu erzeugen, und mißt nun die Konzentrationszunahme als Funktion der Zeit. Die zeitliche Änderung des Konzentrationsgradienten mißt man mit Hilfe optischer Methoden; als solche werden Absorptions-Systeme, Schlieren-Optik oder Interferometrie verwendet.

In binären Systemen, die nur aus Lösungsmittel und einem Gelösten bestehen, kann die Diffusion durch eine Konstante L oder D beschrieben werden. Sind mehr Komponenten vorhanden, so hängen die Flüsse voneinander ab, das heißt, ein Konzentrationgradient der Komponente 2 wird auch Diffusion der Komponente 3 bewirken. Die Thermodynamik irreversibler Prozesse zeigt, daß man z.B. zur Beschreibung der Transportvorgänge von zwei gelösten Stoffen 2 und 3 insgesamt 4 Transport-Koeffizienten benötigt, um die Flüsse J_2 und J_3 zu beschreiben. Im Fall von Diffusion schreiben wir für die Transport-Koeffizienten L die Diffusions-Koeffizienten D und erhalten:

$$J_2 = -D_{22} \cdot \frac{\partial c_2}{\partial x} - D_{23} \frac{\partial c_3}{\partial x},$$

$$J_3 = -D_{32} \cdot \frac{\partial c_2}{\partial x} - D_{33} \frac{\partial c_3}{\partial x}.$$

Meist findet man, daß die Werte von D_{22} und D_{33} sehr nahe jenen sind, die man erhalten würde, wenn jede Komponente allein diffundierte. Die gemischten Koeffizienten sind meist klein, sie hängen überdies nach Onsager zusammen:

$$D_{23} = D_{32}.$$

Merkliche Beiträge der gemischten Koeffizienten sind zu erwarten, wenn die Konzentration einer Komponente viel größer ist als die der anderen.

Selbstverständlich führen auch die Teilchen einer einheitlichen Flüssigkeit, oder gelöste Teilchen in Abwesenheit eines Konzentrationsgradienten, Wärmebewegungen aus. Man spricht dabei von Selbstdiffusion. Den Selbstdiffusions-Koeffizienten kann man ermitteln, wenn man z.B. einen Teil der Moleküle radioaktiv markiert; man hat dann ein System, in dem gewissermaßen die markierten Teilchen in den unmarkierten gelöst sind.

2.41 Sedimentation

Man mißt die Sedimentation von Makromolekülen in Ultrazentrifugen, in denen man bis zu $4 \cdot 10^5$-fache Erdbeschleunigung erzielen kann. Die gelösten Makromoleküle sedimentieren dabei unter Ausbildung einer mehr oder weniger scharfen Grenzlinie, mit zunehmender Sedimentation wird diese „verschmiert", also verbreitert, und zwar als Folge der Diffusion, die einsetzt, da die Sedimentation einen Konzentration-Gradienten erzeugt. Man kann diesen Effekt benützen, um aus der Verbreiterung der Grenzlinie den Diffusions-Koeffizienten zu berechnen.

Wir wollen wieder mit einer mechanischen Analyse der Sedimentation beginnen. Ein Rotor drehe sich mit der Winkelgeschwindigkeit ω. Auf ein Molekül der Masse m, das sich im Abstand r von der Drehachse

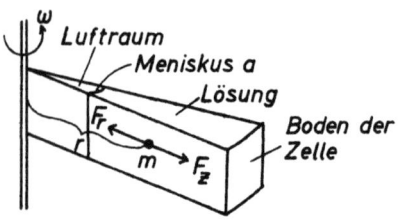

Abb. 30. Die Zelle der Ultrazentrifuge

befindet (Abb. 30), wirkt dann eine Zentrifugalkraft $F_z = \omega^2 r m$. Da aber das Molekül in der Lösung einen Auftrieb erfährt, muß an seiner Masse die sogenannte Auftriebskorrektur $(1-\overline{v}_s d)$ angebracht werden, wobei $\overline{v}_s$ das partielle spezifische Volumen des Moleküls ist, und d die Dichte der Lösung. Wir erhalten somit:

$$F_z = \omega^2 r m (1 - \overline{v}_s d).$$

Als Folge dieser Kraft bewegt sich das Molekül an die Peripherie des Rotors, dabei erfährt es die Reibungskraft $F_r = -f \cdot v$, wobei f wieder die Reibungskonstante ist. Im stationären Zustand (konstantes v) sind beide Kräfte gleich, und wir erhalten:

$$F_z + F_r = \omega^2 r m (1 - \overline{v}_s d) - f \cdot v = 0.$$

Durch Multiplizieren von f mit der Loschmidtschen Zahl N_L beziehen wir uns wieder auf ein Mol, und können sodann durch Umformung den Sedimentations-Koeffizienten s definieren:

$$s = \frac{v}{\omega^2 r} = \frac{M(1-\overline{v}_s d)}{N_L \cdot f}.$$

Er stellt das Verhältnis von Sedimentationsgeschwindigkeit zur Stärke des Zentrifugalfeldes dar und wird in Sekunden gemessen; 10^{-13} Sekunden nennt man ein Svedberg. Bei Polymeren ist s konzentrationsabhängig, durch Extrapolation von $1/s$ auf $c \to 0$ erhält man den Wert s_0, der verschwindender Konzentration $c = 0$ entspricht.

Die Sedimentationsgeschwindigkeit v mißt man als die Verschiebung der Grenzlinie r_b ($v = dr_b/dt$). Die Grenzlinie wird wieder durch optische Methoden sichtbar gemacht (Absorption, Schlieren, Interferometrie); die Schlieren-Optik macht direkt den Konzentrationsgradienten sichtbar, dessen Maximum mit der Zeit nach außen wandert, wobei zugleich

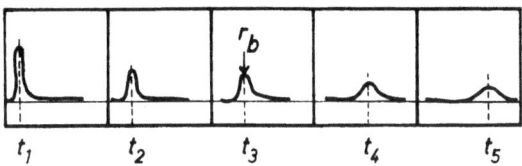

Abb. 31. Der Sedimentationsvorgang

eine Verbreiterung erfolgt, wie dies in Abb. 31 schematisch dargestellt ist. Aus der Definition von s folgt

$$dr_b/dt = r_b \omega^2 s,$$

und das ergibt integriert

$$\ln \frac{r_b(t)}{r_b(t_0)} = \omega^2 (t-t_0) \quad t_0: \text{Anfangsbedingung}$$

Trägt man daher $\ln r_b(t)/r_b(t_0)$ gegen $t-t_0$ auf, so erhält man eine Gerade, deren Steigung $\omega^2 s$ ist.

Man kann somit aus der Sedimentationskonstanten s das Molekulargewicht der gelösten Teilchen errechnen, wenn die Reibungskonstante bekannt ist. Meist ist das nicht der Fall, und man muß dann f durch eine zweite Messung bestimmen; am häufigsten aus der Diffusionskonstanten D. Setzt man das ein, so erhält man die Svedberg-Gleichung (für $c \to 0$):

$$M = \frac{RT}{(1-\bar{v}_s \cdot \rho)} \cdot \frac{s_0}{D_0}.$$

Bei monodispersen Teilchen wird die Sedimentationsgrenze nur durch Diffusion verbreitert; aus dieser Verbreiterung kann man die Diffusionskonstante berechnen. Bei polydispersen Polymeren sind die langsamer sedimentierenden Teilchen in Gebieten kleinerer Konzentration, man findet daher dort ein größeres s. Als Folge erscheint die s-Verteilung an Orten geringer Konzentration verbreitert.

Da bei polydispersen Teilchen sowohl s als auch D Mittelwerte darstellen, kann der für M erhaltene Mittelwert nicht ein für allemal angegeben werden; durch geeignete Auswahl kann man M_w und M_z erhalten.

Die Sedimentation hängt somit stark von f ab. Am schnellsten werden Kugeln sedimentieren, bei denen f durch die Formel von Stokes gegeben ist. Bei Ellipsoiden ist f erhöht, daher sinkt s, sie sedimentieren langsamer. Bei Stäbchen großer Länge steigt s mit dem Logarithmus der Stäbchenlänge. Bei Knäuelmolekülen steigt s im θ-Lösungsmittel mit $\sqrt{M}$, in gutem Lösungsmittel mit M^y, wobei $y < 0,5$.

Die Thermodynamik irreversibler Prozesse liefert wieder eine präzisere Analyse des Sedimentationsvorganges. Der Teilchenfluß J wird durch das herrschende Gesamtpotential erzwungen, das sich hier aus dem chemischen Potential und der potentiellen Energie als Folge des Zentrifugalfeldes ergibt. Das Gesamtpotential U ist somit für ein Mol des Gelösten:

$$U = \bar{G} - \tfrac{1}{2} M \omega^2 r^2.$$

Wir können hier eine Gleichgewichtsbedingung definieren:

$$\frac{\partial U}{\partial r} = \frac{\partial \bar{G}}{\partial r} - M \omega^2 r = 0.$$

Diese stellt ein Sedimentationsgleichgewicht dar, mit dem wir uns später noch beschäftigen wollen. Mit Hilfe von $\partial U/\partial r$ können wir aber auch den Fluß J anschreiben:

$$J = -L \cdot \frac{\partial U}{\partial r} = -L \left(\frac{d\bar{G}}{\partial r} - M \omega^2 r \right).$$

Nun ist aber $\bar{G}$ eine Funktion von T, p und c. Daher gilt:

$$\frac{\partial G}{\partial r} = \left(\frac{\partial \bar{G}}{\partial T} \right)_{p,c} \left(\frac{\partial T}{\partial r} \right) + \left(\frac{\partial \bar{G}}{\partial p} \right)_{T,c} \left(\frac{\partial p}{\partial r} \right) + \left(\frac{\partial G}{\partial c} \right)_{T,p} \left(\frac{\partial c}{\partial r} \right).$$

Der erste Term dieser Gleichung wird Null, da wir bei konstanter Temperatur arbeiten. Um den zweiten Term, der die Druckabhängigkeit des chemischen Potentials beschreibt, zu berechnen, bedenken wir, daß $(\partial G/\partial p)_T = \bar{v}$ ist; da wir hier mit Molen arbeiten, müssen wir das partielle Molvolumen $\bar{v} = M \cdot \bar{v}_s$ einsetzen. Der hydrostatische Druck an einer Stelle r in der Zelle folgt einer Beziehung, die der barometrischen Höhenformel (Näherung für kleine Höhen) analog ist, nämlich: $p = p_b + \omega^2(r^2 - b^2)d/2$, wobei b die Position der Grenzlinie ist; somit $\partial p/\partial r = \omega^2 r d$. Der dritte Term gibt uns die Konzentrationsabhängigkeit des chemischen Potentials; wir verfahren hier gleich wie bei der Behandlung der Diffusion. Der Einfachheit halber nehmen wir an, die Lösung sei ideal, dann wird der Aktivitätskoeffizient eins und wir erhalten $\partial \bar{G}/\partial c = (RT/c)(\partial c/\partial r)$. Somit ergibt sich:

$$\frac{\partial \bar{G}}{\partial r} = 0 + \bar{v}_s M \omega^2 r d + \frac{RT}{c} \cdot \frac{\partial c}{\partial r}.$$

Damit können wir nun die Gleichung für den Fluß J in folgender Weise schreiben:

$$J = L \left\{ \omega^2 r M (1 - \bar{v}_s d) - \frac{RT}{c} \cdot \frac{\partial c}{\partial r} \right\}.$$

Drücken wir die Transportkonstante wieder mit Hilfe der Reibungskonstanten f aus ($L = c/N_L \cdot f$), so erhalten wir:

$$J = \frac{M(1 - \bar{v}_s d)}{N_L \cdot f} \omega^2 r c - \frac{RT}{N_L f} \cdot \frac{\partial c}{\partial r},$$

oder, wenn wir den Sedimentationskoeffizienten s und den Diffusionskoeffizienten D einführen:

$$J = s \cdot \omega^2 r c - D \cdot \frac{\partial c}{\partial r},$$

wobei

$$s = \frac{M(1-\bar{v}_s d)}{N_L \cdot f}; \quad D = \frac{RT}{N_L \cdot f},$$

deren Kombination wieder die Svedberg-Gleichung liefert. Man sieht aus der obigen Beziehung für J, daß zu Beginn des Sedimentationsvorganges die Diffusion keine Rolle spielen wird, da hier $\partial c/\partial r = 0$. Sobald jedoch durch die Sedimentation eine Grenzlinie erzeugt wird, tritt ein endlicher Konzentrationsgradient $\partial c/\partial r$ auf, und Diffusion mit Verbreiterung der Grenzlinie muß erfolgen. Würde man nun die Zentrifuge abstellen ($\omega = 0$), so würde die Grenzlinie stehen bleiben, aber verbreitert werden wie in einem Diffusionsversuch.

Wie schon erwähnt, sind s und D konzentrationsabhängig, dasselbe gilt auch für den Reibungskoeffizienten f. Zur Extrapolation auf $c \to 0$ verwendet man die Formeln:

$$f = f_0(1 + k_f \cdot c + \cdots),$$
$$\frac{1}{s} = \frac{1}{s_0}(1 + k_s \cdot c + \cdots),$$
$$D = D_0(1 + k_D \cdot c + \cdots).$$

Eine andere Meßmethode benutzt das *Sedimentationsgleichgewicht*, das sich in einer mit nicht sehr hoher Geschwindigkeit laufenden Zentrifuge nach einiger Zeit (etwa 24 Stunden bis einige Tage) einstellt. Es kommt dadurch zustande, daß die Sedimentationskraft, die jedes Teilchen erfährt, gerade kompensiert wird durch seine Tendenz zur Rückdiffusion als Folge des Konzentrationsgradienten, der sich durch die Sedimentation einstellt. Wir können für diesen Zustand die Gleichgewichtsbedingung anschreiben:

$$\frac{\partial U}{\partial r} = \frac{\partial \bar{G}}{\partial r} - M \omega^2 r = 0.$$

Weiter können wir sagen, daß im Gleichgewichtszustand auch alle Flüsse in der Zelle aufhören müssen; es erfolgt kein Materietransport mehr, und wir können in der früher abgeleiteten Gleichung $J = 0$ setzen. Das ergibt:

$$L\left\{\omega^2 r M(1-\bar{v}_s d) - \frac{RT}{c} \cdot \frac{dc}{dr}\right\} = 0,$$

oder

$$\frac{1}{c} \cdot \frac{dc}{dr} = \frac{\omega^2 r M(1-\bar{v}_s d)}{RT}.$$

Wir können nun an Stelle der partiellen Differentialquotienten die totalen schreiben, da c nun nicht mehr von der Zeit t, sondern nur noch vom Zellenradius r abhängt. Integriert man die obige Gleichung zwischen zwei bestimmten Punkten in der Zelle, wobei für den einen (den „Referenzpunkt") meist der Meniskus a gewählt wird, so erhält man:

$$\ln \frac{c(r)}{c(a)} = \frac{\omega^2 M(1-\bar{v} \cdot d)(r^2-a^2)}{2RT},$$

wobei r der beliebig angenommene zweite Punkt ist, und $c(a)$ und $c(r)$ die Konzentrationen in a und r darstellen. Diese Formel gestattet schon die Bestimmung des Molekulargewichtes; trägt man $c(r)$ gegen r^2 auf, so erhält man eine Gerade, aus deren Steigung man M errechnen kann. Man kann auch die Gleichung umformen und nach M auflösen:

$$M = \frac{2RT \ln c(r)/c(a)}{(1-\bar{v}_s \cdot d)^2 (r^2-a^2)}.$$

Mit der Gleichgewichtsmethode kann man Molekulargewichte von Hochpolymeren sehr genau bestimmen; bei polydispersen Systemen erhält man das Gewichtsmittel; durch geeignete Auswertung kann man aber auch das z-Mittel, und unter Umständen sogar das Zahlenmittel erhalten. Somit kann man aus dem Sedimentationsgleichgewicht auch Informationen über die Molekulargewichtsverteilung erhalten.

Bei jedem Sedimentationsversuch gibt es zwei Stellen in der Zelle, wo kein Fluß auftritt: das ist der Meniskus und der Boden der Zelle. Daher kann man für diese Orte die Gleichgewichtsbedingungen jederzeit anwenden, auch während in der Zelle selbst Sedimentation stattfindet. Mißt man daher dc/dr und c an einem dieser ausgezeichneten Orte, so kann man daraus nach den Gleichgewichtsformeln sofort das Molekulargewicht berechnen. Man nennt dieses Verfahren *Archibald-Methode*; es ist weniger genau, da Messungen an den Zellen-Begrenzungen schwierig sind. Bei polydispersen Systemen tritt überdies eine zeitliche Änderung der gemessenen M-Werte auf, und man muß diese auf die Zeit $t=0$ extrapolieren.

Eine weitere wichtige Methode ist die *Verwendung von Dichte-Gradienten* in der Zentrifugierzelle. Man geht dabei wie folgt vor. Besteht das Lösungsmittel aus einer Mischung von zwei Substanzen stark verschiedener Dichte (z. B. ein Salz und Wasser), so wird sich im Gleichgewicht eine solche Verteilung der beiden Komponenten einstellen, daß im Lösungsmittelgemisch ein Dichtegradient aufgebaut wird; die Dichte steigt vom Meniskus zum Boden der Zelle. Liegt die Dichte der Makromoleküle zwischen diesen beiden Werten, so werden sie sich an jener Stelle r_0 der Zelle ansammeln, wo die Dichte gleich der Dichte der Makromoleküle ist. Infolge der Tendenz der Makromoleküle, von dieser Stelle wegzudiffundieren, werden sie im Gleichgewicht in einem Band mit Gaußscher Verteilung um r_0 vorliegen. Die Breite des Bandes hängt von $M^{-(1/2)}$ ab; bei unendlich großem Molekulargewicht würde es also auf eine scharfe Linie zusammenschrumpfen. Im Prinzip kann man mit dieser Methode das Molekulargewicht und die Molekulargewichtsverteilung ermitteln. Da die Position des Bandes um r_0 jedoch besonders empfindlich auf die Dichte des Gelösten anspricht, liegt der größte Nutzen der Methode in ihrer hohen Auflösung für Makromoleküle verschiedener Dichte (Trennung von DNA aus ^{14}N und ^{15}N!). Weiters eignet sie sich zur Unterscheidung von Copolymeren und Polymergemischen. Ausgedehnte Anwendung findet dieses Verfahren für präparative Zwecke, vornehmlich bei Biopolymeren.

2.42 Transport im elektrischen Feld (Elektrophorese)

Viele Polymere, insbesondere Biopolymere, tragen elektrische Ladungen. Bei manchen anderen fallen die Schwerpunkte von positiver und negativer Ladung nicht zusammen; sie haben also ein Dipolmoment. Oft wird das Dipolmoment erst durch Polarisation unter dem Einfluß von äußeren elektrischen Feldern erzeugt, dann spricht man von einem induzierten Dipolmoment. In allen diesen Fällen werden äußere elektrische Felder auf das Molekül Kräfte ausüben.

Grundsätzlich können diese Felder zweierlei bewirken. Auf ein Molekül mit einem dauernden oder induzierten Dipolmoment wird eine Orientierungskraft ausgeübt werden. Ein Dipolmolekül sei in einem elektrischen Feld der Feldstärke E in der in Abb. 32 gezeigten Weise angeordnet, seine Achse schließt mit den Feldlinien den Winkel θ ein, der eine Ladungsschwerpunkt liegt bei x_1, der andere bei x_2. Da das Potential linear entlang der Feldlinien variiert, erhalten wir für das Gesamtpotential U

$$U = U \cdot x_1 + U \cdot x_2 = -q(x_2 - x_1) \cdot E \quad \text{mit} \quad U = -q \cdot E.$$

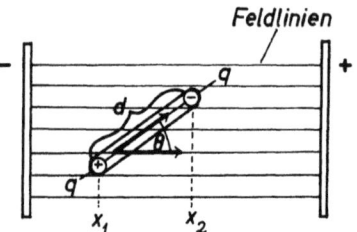

Abb. 32. Kräfte im elektrischen Feld auf ein Molekül mit Dipolmoment

Das Dipolmoment μ ist aber gegeben als $\mu = q \cdot d$, wobei q die Ladung und d ihr Abstand ist. Damit erhalten wir weiter:

$$U = -q \cdot d \cdot \cos\theta \cdot E = -\mu \cdot E \cdot \cos\theta.$$

Die auf das Molekül einwirkende Drehkraft als Funktion des Winkels ergibt sich als negative Ableitung:

$$F = \frac{dU}{d\theta} = \mu \cdot E \cdot \sin\theta.$$

Man sieht sofort, daß sie für $\theta = 0$ verschwindet. Das heißt, es tritt nur Orientierung auf, hat diese die Parallelstellung erzwungen, so hört die Krafteinwirkung auf. Die Wärmebewegung wirkt dieser Orientierung entgegen.

Anders ist es, wenn das Teilchen eine Netto-Ladung trägt. Dann kommt es im elektrischen Feld zur Wanderung, es tritt Elektrophorese ein. In Wirklichkeit ist die Sache recht komplex, da das Teilchen stets von verschiedenen Ionen umgeben ist, so daß das innere Feld verzerrt wird und in der Umgebung der Teilchen nicht dem außen angelegten Feld entspricht.

Wir können wieder eine mechanische Analyse vornehmen: die elektrische Feldstärke beschleunigt das Teilchen; dieses erfährt wieder einen Reibungswiderstand, bis Gleichgewicht der Kräfte eintritt und das Teilchen mit konstanter Geschwindigkeit v wandert. Die treibende Kraft ist hier durch das Coulombsche Gesetz gegeben:

$$F = z \cdot e \cdot E,$$

wobei E die Feldstärke (in elektrostatischen Potentialeinheiten pro cm), e die Elementarladung und z die Zahl der Elementarladungen ist. Wir müssen alle elektrischen Maße in elektrostatischen Einheiten angeben, um im cgs-System zu bleiben. Der Reibungswiderstand ist wiederum $f \cdot v$, und wir erhalten für den stationären Zustand:

$$v = \frac{z \cdot e \cdot E}{f}.$$

Hier ist f wieder die Reibungskonstante. Wir definieren nun die *elektrophoretische Beweglichkeit u*:

$$u = \frac{v}{E} = \frac{z \cdot e}{f},$$

eine Größe, die analog zum Sedimentations- oder Diffusionskoeffizienten gebildet ist; sie stellt den Quotienten aus treibender Kraft $z \cdot e$ und Reibungswiderstand f dar. Besonders einfach sind die Verhältnisse wieder für kugelförmige Teilchen, hier kann f durch das Stokesche Gesetz ausgedrückt werden und wir erhalten:

$$u = \frac{z \cdot e}{6\pi \eta_s R},$$

wobei R der Teilchenradius und η_s die Viskosität des Lösungsmittels ist. Man kann somit im Prinzip aus einer Messung der Beweglichkeit u den Teilchenradius berechnen. Freilich ist in Wirklichkeit die Sache komplizierter. Das geladene Makromolekül ist von einer Ionenatmosphäre umgeben, in der in unmittelbarer Nachbarschaft Ionen von entgegengesetzter Ladung bevorzugt sind (elektrische Doppelschicht). Dadurch wird das lokale Feld beträchtlich verzerrt. Eine näherungsweise Betrachtung mit Hilfe der Debye-Hückel-Theorie liefert den Ausdruck

$$u = \frac{z \cdot e}{6\pi \eta R} \cdot \frac{X(\kappa R)}{1 + \kappa R},$$

mit

$$\kappa = \sqrt{\frac{8\pi N_L e^2}{1000\, \varepsilon k T}} \cdot \sqrt{I}.$$

Hier ist I die Ionenstärke ($I = \sum m_i z^2$ mit m: molare Konzentration, z: Wertigkeit des Ions) und ε die Dielektrizitätskonstante. Die Größe κ ist der reziproke Radius der Ionen-Atmosphäre, er hängt von der Ionenstärke ab. Bei großer Ionenstärke wird die Ionenatmosphäre komprimiert und κ wird größer. Die Funktion $X(\kappa R)$ heißt Henrysche Funktion, sie variiert zwischen 1 und 1,5 wenn κR von Null auf unendlich steigt.

Trotz allem aber ist die Ermittlung von Moleküldaten aus elektrophoretischen Messungen nur höchst ungenau möglich. Man verwendet die Methode daher kaum für Strukturuntersuchungen, dagegen in breitestem Maße für präparative Zwecke, insbesondere für Trennungen und für die empirische Charakterisierung von geladenen Polymeren durch ihre gemessenen Beweglichkeiten. Man sieht aus den obigen Formeln leicht, daß die Beweglichkeit um so größer ist, je kleiner der Reibungsfaktor bzw. je kleiner das Teilchen, und je kleiner die Ladung. Insbesondere muß die Beweglichkeit Null werden, wenn die Ladung verschwindet. Dies ist beim isoelektrischen Punkt der Fall, und elektrophoretische Messungen können daher sehr gut benützt werden, um isoelektrische Punkte zu bestimmen.

Man kann die elektrophoretische Beweglichkeit natürlich auch mit Hilfe des Zetapotentials ζ anschreiben (vgl. S. 72). Henry hat für nicht leitende Teilchen die Gleichung angegeben:

$$u = \frac{\zeta \cdot \varepsilon}{1,5} \cdot X(\kappa R),$$

wobei ε die Dielektrizitätskonstante ist, und $X(\kappa R)$ wieder die Henrysche Funktion mit den Grenzwerten 1 für kleine Werte von κR und 1,5 für große.

2.43 Die Streuung von Licht- und Röntgenstrahlen

Trifft ein elektromagnetischer Strahl auf ein materielles Objekt, so sendet dieses eine kohärente Sekundärstrahlung aus: man spricht von der Streuung des eingestrahlten Primärlichtes; andere Ausdrücke sind konservative Streuung oder elastische Streuung. Ganz allgemein wird dabei das Licht der Wellenlänge λ zu Winkeln abgelenkt, die nach der Braggschen Beziehung

$$\lambda = 2D \sin \theta$$

mit einer charakteristischen Dimension D des Objektes zusammenhängen (θ ist der „Streuwinkel", manchmal wird er auch mit 2θ bezeichnet). Dabei können Abstände nur dann streuwirksam werden, wenn sie größer als etwa 1/5 der Wellenlänge sind; kleinere Abstände „sieht" die Lichtwelle nicht mehr. Somit werden Makromoleküle, mit ihren mittleren Durchmessern von etwa 500 Å, von sichtbarem Licht ($\lambda \sim 4000$ Å) gerade noch als Ganzes gesehen, während Röntgenwellen ($\lambda \sim 1$–2 Å) nicht nur die Gesamtknäuel, sondern auch die Einzelheiten bis herab zu wenigen Angström langen Fadenstücken „sehen" können. Aus der Braggschen Formel errechnet man außerdem, daß die Streuung von sichtbarem Licht bei Winkeln um 90 °C erfolgen wird, während die Streuung von Röntgenlicht bei Makromolekülen bei 10^{-3} Graden auftritt, man spricht daher von „Kleinwinkelstreuung". Diese beiden Methoden, die Lichtstreuung und die Röntgenkleinwinkelstreuung, stellen wichtige Untersuchungsmethoden für Makromoleküle dar.

2.44 Die Röntgenkleinwinkelstreuung

Die kohärente Streuung von Röntgenstrahlen beruht darauf, daß der eintretende Strahl die Elektronen des Untersuchungsobjektes zu Schwingungen anregt, worauf diese Sekundärstrahlen aussenden. Die Untersuchung der Interferenzerscheinungen an diesen Sekundärstrahlen ist die Aufgabe der Röntgen-Feinstrukturanalyse. Da für alle Streuphänomene die Größe des streuenden Objektes und der Abbeugungswinkel zueinander invers sind, streuen Makromoleküle und kolloidale Teilchen zu sehr kleinen Winkeln. Die *Röntgenkleinwinkelstreuung* (RKWS) wird somit durch Inhomogenitäten der Elektronendichte im Untersuchungsobjekt in der Größenordnung 10^1 bis 10^4 Å („kolloidale Dimensionen") verursacht. Die Theorie dieser Erscheinung erlaubt es, aus der Winkelabhängigkeit der abgestreuten Intensität (der Streukurve) Information über Größe, Gestalt und Struktur der streuenden Teilchen abzuleiten, während der Absolutwert der Streuung beim Winkel Null ein Maß für deren Masse (Molekulargewicht) ist.

Betrachtet man die Intensität des gestreuten Röntgenlichtes als eine Funktion des Streuwinkels, so kann man an dieser „Streukurve" im Prinzip mehrere Abschnitte unterscheiden (Abb. 33). Der innerste Abschnitt bei kleinsten Winkeln entspricht den größten Dimensionen des Teilchens, also dem Gesamtteilchen. Man charakterisiert das Gesamtteilchen am besten durch den „Streumassenradius" R. Dieser stellt einen

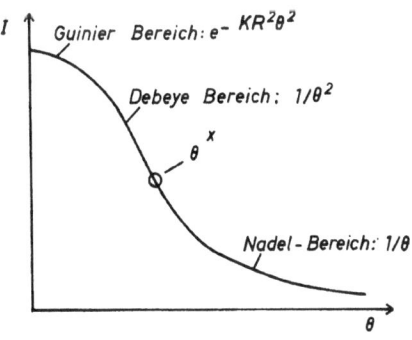

Abb. 33. Die Streukurve

gemittelten Radius aller Streuzentren vom Schwerpunkt des Teilchens dar; sind diese Abstände s, so ist:

$$R = \sqrt{\overline{s^2}}.$$

Der Streumassenradius kann für bestimmte Teilchenformen errechnet werden, darunter auch für den Knäuel mit ungestörten Dimensionen und für den aufgeweiteten Knäuel. Einige Beispiele für solche Formeln sind:

Kugel mit Radius r: $\qquad R^2 = \dfrac{3}{5} \cdot r^2,$

Ellipsoid mit Halbachsen a und b $\quad R^2 = \dfrac{a^2+b^2}{4},$

Idealknäuel $\qquad R^2 = \dfrac{1}{6} \cdot \overline{h^2},$

Aufgeweiteter Knäuel $\qquad R^2 = \dfrac{\overline{h^2}}{(2+\varepsilon)(3+\varepsilon)}.$

Im innersten Bereich kann jede Streukurve durch die von Guinier angegebene Näherung ausgedrückt werden, die besagt, daß die Intensität eine Exponentialfunktion des Streuwinkels ist. Man erhält daher in der „Guinierschen Auftragung":

$$\ln I = \ln I_0 - K \cdot R^2 \sin^2 \theta$$

eine gerade Linie, deren Neigung R^2 gibt. Da die RKW nur mit sehr kleinen Winkeln operiert, kann man an Stelle von $\sin \theta$ einfach θ schreiben. K ist eine universelle Konstante:

$$K = \frac{16\pi^2}{3\lambda^2}.$$

An diesen *Guinier-Bereich* schließt hierauf der sogenannte *Debye-Bereich* an, der charakteristisch für den statistischen Knäuel ist. Im Debye-Bereich verläuft die Streuintensität proportional zu $1/\theta^2$. Gehen wir zu noch kleineren Winkeln über, so werden schließlich die Molekülteilstücke, die die Welle „sieht", so klein, daß sie durch Geraden, gewissermaßen Nadeln, approximiert werden können. Die Streuung von Nadeln aber verläuft mit $1/\theta$, und in der Tat findet man diesen Verlauf bei den größten Winkeln. Der Übergang zwischen dem $1/\theta^2$ und dem $1/\theta$ Be-

reich aber gibt ein Maß dafür, wann die Molekülteilstücke als „Geraden"
aufgefaßt werden dürfen, er ist daher verknüpft mit der Persistenzlänge a
des Knäuelmoleküls. Will man die Streukurve nach diesen Gesichtspunkten auswerten, so benützt man am besten die von Kratky vorgeschlagene Auftragung von $I \cdot \theta^2$ gegen θ (Abb. 34). Der Guinier-

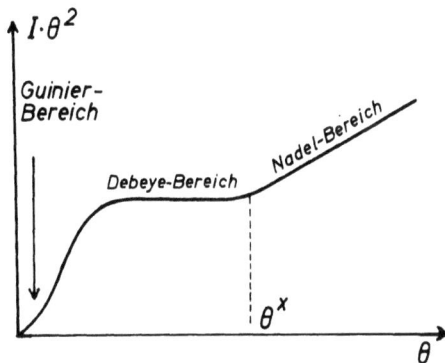

Abb. 34. Kratky-Auftragung einer Streukurve

Bereich entspricht dem gekurvten Anfangsteil, der Debye-Bereich einer
waagrechten Linie, und der Nadelbereich einer ansteigenden Geraden.
Der Übergang vom $1/\theta^2$ zum $1/\theta$ Bereich kann durch Interpolation als
Knickpunkt θ^x ermittelt werden; er ist direkt mit der Persistenzlänge a
verknüpft nach

$$a = 2{,}3 \frac{\lambda}{4\pi\theta^x}.$$

Dies gilt streng nur für unendlich dünne und unendlich lange Fäden.
Ist das nicht mehr der Fall, so ändert sich die Form der Streukurve,
doch bleibt die Lage des Knickes θ^x auch hier erhalten.

Liegt eine Krümmungspersistenz vor, so treten zusätzlich Maxima
und Minima auf, die um die in Abb. 34 gezeigte Streukurve schwanken.
Aus ihrer Lage kann der Winkel ϕ_0 der Krümmungspersistenz ermittelt
werden.

Somit erhält man aus der Winkelabhängigkeit der Streukurve Information über die Größe der streuenden Teilchen. Darüber hinaus aber
liefert die Absolutgröße der Streuung (das heißt die auf die Primärintensität bezogene gestreute Intensität) Informationen über die Teilchenmasse, also das Molekulargewicht. Diese Absolutstreuung muß allerdings

von der schwächenden Wirkung der Interferenzerscheinungen innerhalb des Teilchens (intrapartikulär) und zwischen den einzelnen Teilchen in der Lösung (interpartikulär) befreit werden. Dies geschieht durch zwei Extrapolationen: die intrapartikulären Interferenzen schaltet man durch Extrapolation auf $\theta = 0$ aus, die interpartikulären durch Extrapolation auf $c = 0$. Die Extrapolation auf $\theta = 0$ kann z. B. in einer Guinier-Auftragung geschehen, sie ist hier linear möglich und liefert die Intensität beim Streuwinkel Null, das I_0.

Dividiert man nun diese Nullintensität durch die Intensität des Primärstrahles I_p, so erhält man die Absolutintensität. Wir wollen die Absolutintensität mit R bezeichnen, so daß $R = I_0 / I_p$. Um Wechselwirkungseffekte auszuschließen, muß man noch R auf die Konzentration Null extrapolieren; dabei erhält man R_0. Aus diesem kann man nun das Molekulargewicht ausrechnen nach

$$M = 21 \left(\frac{R}{c}\right)_{c=0} \cdot \frac{r^2}{d(z_e)^2} \quad \begin{array}{l} d\text{: Dicke der Probe,} \\ r\text{: Abstand Probe–Registrierebene,} \end{array}$$

wobei z_e die sogenannte Elektronendichtedifferenz ist:

$$z_e = z_1 - v_1 \rho_{e2}$$

z_1 : Molelektronen pro 1 g des Gelösten,
$v_{s,1}$: partielles spezifisches Volumen des Gelösten,
ρ_{e2} : Elektronendichte des Lösungsmittels in Elektronen pro cm^3.

Meist ist es sehr schwer, die Primärenergie I_p direkt zu messen, man ermittelt dann R durch Vergleich von I_0 mit der Streuung eines Streustandards.

Man kann die zweite Extrapolation auf $c = 0$ übrigens auch direkt z. B. in der Guinier-Auftragung ausführen. Man trägt dazu, wie in Abb. 35 gezeigt, die „reduzierte Intensität" I/c nach Guinier auf, und zwar die für mehrere Konzentrationen erhaltenen Streukurven übereinander. Hierauf schneidet man die Kurvenfamilie an mehreren Stellen durch senkrechte Geraden. An den Schnittpunkten dieser Geraden mit den Streukurven trägt man sodann horizontal die jeweiligen Konzentrationen auf. Diese werden durch eine gerade Linie verbunden, und wo diese Linie die Senkrechte schneidet, ist der betreffende Punkt für $c = 0$. Verbindet man nun alle so erhaltenen Punkte, so erhält man die Streukurve für $c = 0$, die man nun wiederum auf $\theta = 0$ extrapolieren kann;

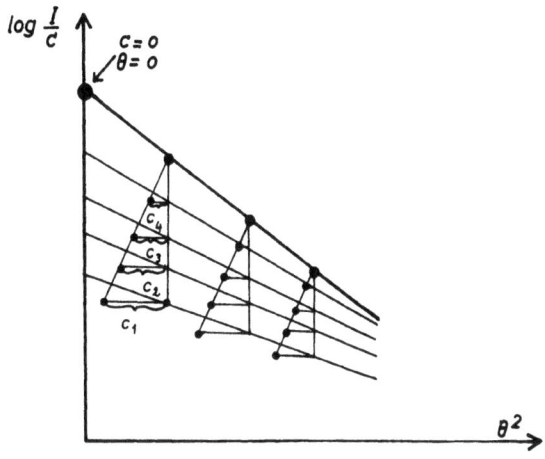

Abb. 35. Extrapolation auf $c=0$ und $\theta=0$ in einer Guinier-Auftragung

man erhält so direkt die auf $c=0$ und $\theta=0$ extrapolierte reduzierte Intensität.

Bei polydispersen Systemen erhält man das Quadrat des Streumassenradius als z-Mittel, also ein $(R^2)_z$. Dagegen erhält man das Molekulargewicht als Gewichtsmittel, also als M_w. Will man beide vergleichen, so müssen sie auf denselben Typ des Mittelwertes umgerechnet werden. Legt man der Verteilung die von Schulz vorgeschlagene Funktion zugrunde, so ergibt sich folgender Umrechnungsfaktor vom z-Mittel auf das Gewichtsmittel:

$$f_{z/w} = \frac{2U+1}{U+1},$$

wobei U die Uneinheitlichkeit nach Schulz ist:

$$U = \frac{M_w}{M_n} - 1.$$

Man kann aus der RKW-Streuung noch weitere Größen ermitteln, die insbesondere bei „dichtgepackten" Systemen (z. B. Festkörpern) Bedeutung haben. Sehr wichtig ist die Invariante Q, die definiert ist als

$$Q = \int_0^\infty I \cdot \theta^2 \, d\theta.$$

Der Absolutwert von Q — also der Ausdruck Q/I_p — ist unabhängig von der Struktur des Systems, er hängt nur vom mittleren Schwankungsquadrat der Elektronendichte $\overline{(\Delta \rho_e)^2}$ ab:

$$\frac{Q}{I_p} = K \cdot \overline{(\Delta \rho_e)^2}; \quad K = 8{,}34 \cdot 10^{-3} \quad \text{für} \quad \lambda = 1{,}54 \text{ Å}.$$

Man nennt $\overline{(\Delta \rho_e)^2}$ auch die Streukraft der Probe. Für ein zweiphasiges System mit den Elektronendichten ρ_{e1} und ρ_{e2} und den Volumsfraktionen ϕ_1 und ϕ_2 gilt:

$$\overline{(\Delta \rho_e)^2} = (\rho_{e1} - \rho_{e2})^2 \phi_1 \phi_2 = (\Delta \rho)^2 \phi_1 \phi_2, \quad \text{wobei} \quad \phi_1 + \phi_2 = 1.$$

Sind daher $\overline{(\Delta \rho_e)^2}$ und $(\Delta \rho)^2$ bekannt, so können ϕ_1 und ϕ_2 ermittelt werden.

Das Volumen V der Teilchen erhält man zu:

$$V = \frac{\lambda^3}{4\pi} \cdot \frac{I_0}{Q}.$$

Daraus errechnet man mit Hilfe des Molekulargewichtes M und des partiellen spezifischen Volumens $\bar{v}_{s,1}$ des Lösungsmittels einen Quellungsgrad q:

$$q = \frac{N_L \cdot v}{\bar{v}_{s,1} \cdot M \cdot 10^{24}}.$$

Bestimmt man in der RKW-Streukurve den Auslauf bei großen Winkeln, so findet man, daß dieser proportional zu $1/\theta^3$ ist:

$$I = k_2 + \frac{k}{\theta^3}.$$

Mit Hilfe der Invariante Q und der Größe k kann man die spezifische innere Oberfläche O_s errechnen nach:

$$O_s = \frac{O}{V} = \frac{2\pi^2}{\lambda r} \phi_1 \phi_2 \frac{k}{Q}.$$

Eine weitere Größe ist die Durchschußlänge l, die ein Maß für die mittleren linearen Ausdehnungen der einzelnen homogenen Bereiche in einem Zweiphasensystem ist. Die beiden Durchschußlängen l_1 und l_2 für die Phasen 1 und 2 ergeben sich zu

$$l_1 = \frac{4\phi_1}{O_s}; \quad l_2 = \frac{4\phi_2}{O_s}.$$

Die Durchschußlänge ist weniger für verdünnte Lösungen, wohl aber für konzentrierte Systeme und auch für feste Zweiphasensysteme sinnvoll, wobei z. B. die eine Phase das feste Polymere und die andere das Hohlraumsystem sein kann, oder auch die kristallinen und die amorphen Anteile eines mikrokristallinen Polymeren.

2.45 Streuung von sichtbarem Licht

Im Prinzip folgt die Streuung von sichtbarem Licht denselben Gesetzmäßigkeiten wie die Röntgenstreuung. Da sie bei größeren Winkeln auftritt, darf man nicht mehr den Winkel selbst, sondern muß $\sin\frac{\theta}{2}$ als Argument verwenden*, und an die Stelle der Elektronendichtedifferenz tritt das Brechungsinkrement. Die Lichtstreuung kommt also durch die Unterschiede in den Brechungsindices von Gelöstem und Lösungsmittel zustande. Man kann übrigens alle Streuphänomene auf eine gemeinsame Basis stellen, wenn man als Abszisse der Streukurven den Ausdruck

$$\mu = \frac{4\pi n_L}{\lambda} \sin\frac{\theta}{2} \qquad n_L: \text{Brechungsindex der Lösung}$$

verwendet. Man kann sodann Streukurven, die bei verschiedenen Wellenlängen (sogar von Licht und Röntgenstrahlen) erhalten wurden, zu einer Kurve vereinigen und dadurch oft den Meßbereich beträchtlich erweitern.

Der wichtigste Unterschied ist aber, daß das Licht infolge seiner großen Wellenlänge nur Dimensionen auflösen kann, die größer als etwa $\lambda/5$ sind. Das bedeutet, daß im allgemeinen bei dieser Methode bei Knäuelmolekülen nur der Gesamtknäuel „gesehen" wird. Ein Teilchen wirkt als punktförmiges Streuzentrum, wenn sein Durchmesser kleiner als $\lambda/5$ ist. Man erhält dann eine Streukurve, die unabhängig vom Streuwinkel ist: es wird also bei allen Winkeln die Intensität I_0 gemessen, so daß keine Extrapolation auf $\theta=0$ nötig ist. Erst wenn der Teilchendurchmesser größer als $\lambda/5$ wird, tritt durch die Streuung an verschiedenen Streuzentren im Teilchen schwächende Interferenz auf, und die Streukurve wird mit steigendem Streuwinkel sinken; man spricht dann von der Asymmetrie Z der Streuung, weil diese bei 45° intensiver ist als bei 135°:

$$Z = I_{45°}/I_{135°}.$$

Aber auch in diesem Fall liegt die Streukurve selbst lediglich in jenem Bereich, in dem die Intensität einer Gauß-Kurve bzw. $1/\theta^2$ folgt — also im Guinier- und im Debye-Bereich. In Abb. 36 ist in die allgemeine Streukurve der Lichtstreuungsbereich eingetragen. Nur bei sehr großen

---

* Aus historischen Gründen wird bei der Lichtstreuung der Streuwinkel mit $\theta/2$ bezeichnet; während derselbe Winkel in der RKW-Streuung die Bezeichnung θ führt.

Knäuelmolekülen, die überdies im Inneren eine Strukturierung von der Größenordnung 1000 Å haben („Superknäuel"), findet man den Übergang zum $1/\theta$-Bereich; man kann dann daraus eine „zweite Persistenzlänge" bestimmen, die dieser Überstruktur entspricht (Abb. 36). Da überdies die Lichtstreuung diesen Bereich sehr weit auseinanderzieht, kann

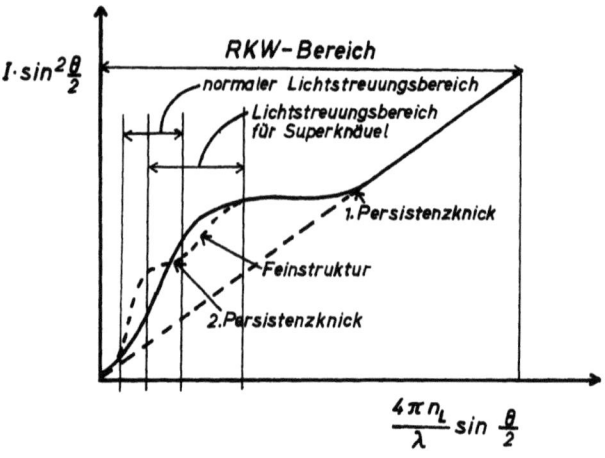

Abb. 36. Streukurve für Licht- und Röntgenkleinwinkelstreuung

sie die von einer *Superknäuelstruktur* herrührende Feinstruktur der Streukurve gut auflösen; in der RKW-Streukurve wäre diese Feinstruktur auf einen so engen Bereich zusammengedrängt, daß man sie kaum sehen könnte. Um eine derartige detaillierte Diskussion einer Lichtstreuukurve durchzuführen, muß man diese allerdings sehr genau messen; dazu mißt man alle 2–5° einen Punkt. Eine Streukurve zwischen 20° und 120° mit etwa 6–10 Punkten auszumessen, ist vollkommen unzureichend; eine etwaige Feinstruktur der Streukurve würde völlig untergehen.

Die Streuung selbst faßt man als Folge von Dichteschwankungen und Konzentrationsschwankungen in der Polymerlösung auf, die zu Schwankungen im Brechungsindex führen. Diese hängen mit dem osmotischen Druck zusammen und können durch den zweiten Virialkoeffizienten A_2 ausgedrückt werden. Man betrachtet als Maß für die Streuung die Absolutstreuung R_θ (auch Raleigh-Ratio genannt); das ist die vom Einheitsvolumen im Einheitsabstand erzeugte und auf die Primärintensität I_p bezogene Streuung am Winkel θ; die Streuung des Lösungsmittels muß subtrahiert werden. Für diese Größe gilt die Beziehung:

$$\frac{K \cdot c}{R_\theta} = \frac{RT}{M \cdot P(\theta)} + 2A_2 \cdot c \ldots .$$

Hier ist K eine Konstante:

$$K = \frac{2\pi^2 n_L^2 (dn/dc)^2}{N_L \lambda^2} \frac{(1+\cos^2\theta)}{\sin\theta}.$$

Der Faktor $(1+\cos^2\theta)$ korrigiert für die winkelabhängige Polarisation des eingestrahlten unpolarisierten Primärlichtes, der Faktor $\sin\theta$ für die Änderung des streuenden Volumens. Die Größe $P(\theta)$ ist die sogenannte Streufunktion, sie gibt für große Teilchen die intrapartikuläre Interferenzschwächung mit steigendem Streuwinkel an. Für $\theta=0$ wird $P(\theta)=1$; dieser Wert kann durch Extrapolation auf $\theta=0$ gewonnen werden. Für „kleine" Teilchen $(<\lambda/5)$ ist $P(\theta)$ ebenfalls eins. Die Streufunktion $P(\theta)$ kann für bestimmte Modelle berechnet werden; in den meisten Fällen kann sie bei kleinen Streuwinkeln durch eine Gerade approximiert werden, wenn man die reziproke Intensität gegen $\sin^2(\theta/2)$ aufträgt. Darauf beruht eine sehr verbreitete Auswertungsmethode für die obige Gleichung, die die gleichzeitige Extrapolation nach $c=0$ und $\theta=0$ gestattet. Sie erfolgt im sogenannten Zimm-Diagramm (Abb. 37), man trägt $(Kc)/R_\theta$ gegen $\sin^2(\theta/2) + k \cdot c$ auf, wobei k meist etwa 10^{-2} beträgt. Man erhält dadurch ein Netz, in dem man direkt auf $c=0$ und auf $\theta=0$ extrapolieren kann, wie in Abb. 37 gezeigt. Die Steigung der

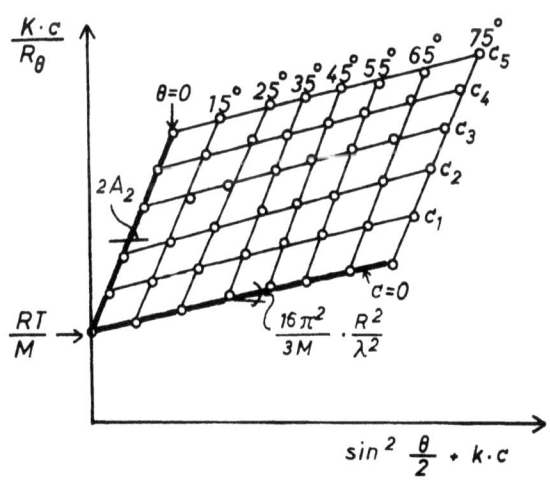

Abb. 37. Das Zimm-Diagramm

$c=0$ Linie ergibt den Streumassenradius R, die Steigung der $\theta=0$ Linie den zweiten Virialkoeffizienten A_2. Diese Methode ist sehr praktisch, sie darf aber nur angewendet werden, wenn man sicher ist, daß die Streukurve keine Feinstruktur enthält. Die Extrapolation entsprechend $\sin^2(\theta/2)$ ist sehr unempfindlich gegen Abweichungen, diese werden nur zu oft als Meßfehler gedeutet. Da überdies die Lichtstreuung meist nur bis zu Winkeln von etwa 20° gemessen werden kann, wird über ein sehr großes Gebiet hinwegextrapoliert; hat man eine beginnende Feinstruktur in der Streukurve übersehen, so muß die Extrapolation zu falschen Werten führen. Diese Gefahr besteht besonders bei sehr großen Molekülen (wie etwa nativer DNA); hier müßte man zu viel kleineren Winkeln messen, um sicher extrapolieren zu können. Die „Kleinwinkel"-Lichtstreuung ist jedoch erst in ihren Anfängen.

Polydisperse Makromoleküle ergeben bei ihrer Vermessung wieder Mittelwerte: $\langle R^2\rangle_z$ und M_w. Darüber hinaus aber wird durch die Polydispersität auch die Gestalt der Streufunktion $P(\theta)$ verändert, so daß man in der Zimm-Auswertung nicht mehr mit geraden Linien rechnen darf. Bei polydispersen Gauß-Knäueln ergeben sich für kleine Winkel und für große Winkel lineare Asymptoten für die $c=0$ Linie, aus denen verschiedene Mittelwerte erhalten werden können, wie in Abb. 38 gezeigt ist. Für die wahrscheinlichste Verteilung ist $M_w = 2M_n$, daher heben

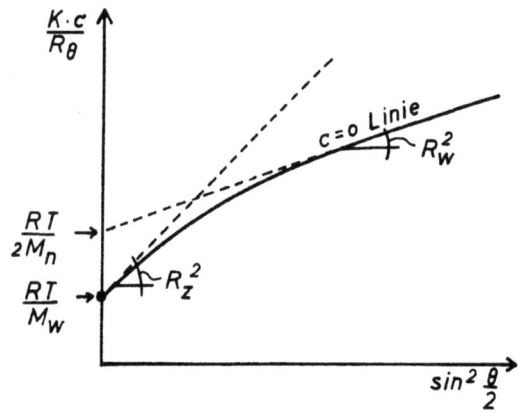

Abb. 38. Streukurve bei Polydispersität

sich die Abweichungen auf, und die Streufunktion nimmt wieder einen linearen Verlauf.

Eine weitere Methode zur Auswertung der Lichtstreuung beruht auf der Messung der *Schwächung*, die ein Strahl beim Durchgang durch eine Lösung infolge Lichtstreuung erfährt; der Primärstrahl der Intensität I_p wird dadurch auf die Intensität I verringert. Diese Schwächung kann man durch ein Gesetz beschreiben, das dem Lambert-Beerschen völlig entspricht:

$$\frac{I}{I_p} = e^{-\tau \cdot d}.$$

Hier ist d die Schichtdicke, und τ wird Trübung genannt; es ist die über alle Winkel integrierte totale Streuung:

$$\tau = \int_\theta I_\theta \, d\theta.$$

Man spricht hier auch von *Tyndall-Streuung* oder konservativer Absorption — zum Unterschied von der konsumptiven Absorption infolge Hebung der Elektronen auf höhere Bahnen. Für kleine Teilchen, bei denen keine Winkelabhängigkeit des abgestreuten Lichtes zu erwarten ist, erhalten wir die Beziehung

$$H \cdot \frac{c}{\tau} = \frac{1}{M} + 2 A_2 \cdot c,$$

wobei die Konstante H gegeben ist als

$$H = \frac{32 \pi^3 n^2}{3 N_L \lambda^4} \left(\frac{dn}{dc}\right)^2.$$

Wird unpolarisiertes Primärlicht verwendet, so muß τ noch mit dem Polarisationsfaktor $(1+\cos^2\theta)$ multipliziert werden.

Sind die gelösten Teilchen optisch anisotrop, so muß sowohl bei der Verwendung der reduzierten Streuung R_θ als auch der Trübung τ ein Korrekturfaktor für die Depolarisation des Streulichtes angebracht werden (Cabannes-Faktor).

2.46 Kritische Opaleszenz

Nach der Theorie von Debye hängt die Lichtstreuung von Lösungen von Konzentrationsschwankungen ab, die ihrerseits zu Schwankungen im Brechungsindex führen. Diese Konzentrationsschwankungen erfordern osmotische Arbeit; diese aber ist in der Nähe des θ-Punktes bzw. der kritischen Temperatur T_c besonders niedrig, so daß dort die Schwankungen sehr groß werden. Das bewirkt, daß die Streuintensität sehr stark ansteigt, man nennt diesen Effekt die *kritische Opaleszenz* (Opaleszenz = seitlich abgestreutes Licht). Außerdem wird das gestreute Licht auch um so mehr winkelabhängig, je näher man der kritischen Temperatur kommt.

Um die Konzentrationsschwankungen völlig zu beschreiben, muß man nicht nur ihre Amplitude angeben, sondern auch ihre Wirkungslänge. Man nennt dies die Korrelationslänge L. Wenn in zwei Punkten A und B, die voneinander den Abstand r haben, die Schwankungen ΔA und ΔB auftreten, so kann eine Korrelationsfunktion $C(r)$ definiert werden:

$$C(r) = \frac{\overline{\Delta A \cdot \Delta B}}{\overline{\Delta^2}}.$$

Hier ist $\overline{\Delta A \cdot \Delta B}$ das mittlere Produkt der beiden Schwankungen ΔA und ΔB, wenn der Strecke r alle möglichen Lagen gegeben werden, und $\overline{\Delta^2}$ ist das mittlere Quadrat der lokalen Schwankung. Die Korrelationsfunktion ist eins für $r=0$, und sie sinkt auf Null für sehr große Werte von r ($r \to \infty$). Mit Hilfe dieser Korrelationsfunktion kann man nun die räumliche Ausdehnung der Schwankung, ihre Korrelationslänge L angeben als

$$L^2 = \frac{\int r^2 C(r) dv}{\int C(r) dv},$$

wobei dv das Volumselement $dv = 4\pi r^2 dr$ ist. Die Streutheorie ergibt nun, daß für kleine Streuwinkel die Intensität I folgender Funktion gehorcht:

$$\frac{I}{I_{\theta=0}} = 1 - \frac{4\pi^2}{3} \cdot \frac{L^2}{\lambda^2} 2\sin^2 \frac{\theta}{2}.$$

Somit kann man aus der Anfangssteigung einer Auftragung der Streuintensität gegen $\sin^2(\theta/2)$ das Quadrat der Korrelationslänge L^2 ermitteln. Dieses wiederum folgt der Beziehung:

$$L^2 = \frac{l^2}{(T/T_c) - 1}.$$

Trägt man $1/L^2$ gegen $(T - T_c)$ auf, so erhält man eine Gerade:

$$\frac{1}{L^2} = \frac{1}{l^2 T_c}(T - T_c),$$

deren Steigung $1/(l^2 T_c)$ ist. Hierbei ist l eine charakteristische Länge, die die Reichweite der Molekularkräfte darstellt, und zwar einer Kombination der Wechselwirkungen zwischen allen beteiligten Molekülen, nämlich Gelöstem und Lösungsmittel. Man erhält dabei Werte, die in der Gegend von 10 (reine Lösungsmittel) bis 30 Å (Polymer-Lösungen) liegen.

2.47 Quasielastische Streuung (Laser beat spectroscopy)

Man kann die Lichtstreuungsmethode auch verwenden, um über die hydrodynamischen Eigenschaften der gelösten Partikel Auskunft zu erhalten, wenn es gelingt, die spektrale Zusammensetzung oder das zeitliche Verhalten der Sekundärstrahlung zu analysieren. Die Lichtstreuung kommt ja durch Konzentrationsfluktuationen zustande, deren Zeitabhängigkeit die thermische Bewegung der gelösten Teilchen widerspiegelt. Trifft nun Licht auf diese bewegten Teilchen, so erfährt es dadurch einen Dopplereffekt, der zu einer Verbreiterung seiner Spektrallinie führt. Diese Frequenzverbreiterung hängt direkt mit der Zeitabhängigkeit der Fluktuation zusammen. Sie ist dem Diffusions-Koeffizienten proportional. Das verbreitete Spektrum der Sekundärstrahlung entspricht der Fouriertransformierten Autokorrelationsfunktion* der Schwankungen. Die spektrale Breite der Linien liegt bei 10^2 bis 10^4 Hz; da sichtbares Licht im Bereich von etwa $5 \cdot 10^{14}$ Hz liegt, muß eine Auflösung von 10^{13} Hz erreicht werden. Das ist mit optischen Spektrometern nicht möglich (diese leisten bestenfalls 10^9 Hz); doch kann man diese Genauigkeit mit der Methode der optischen Schwebungen mit Laserlicht erreichen. Man nennt diese Methode quasielastische oder unelastische Lichtstreuung (englisch: laser beat spectroscopy), da die Abweichung der Kohärenz der Sekundärstrahlung von der Primärstrahlung untersucht wird. Zusätzlich wird meist noch die Winkelabhängigkeit dieser Abweichungen studiert.

Im einzelnen geht man so vor, daß man entweder die spektrale Zusammensetzung des Sekundärlichtes untersucht oder dieses zeitlich analysiert. Im ersten Fall mißt man das optische Intensitätsspektrum (Leistungs-Spektrum), das ein Lorentz-Profil mit dem Maximum bei ω_0 und der Halbwertsbreite $\Delta\omega_{1/2}$ (ω = Kreisfrequenz) aufweist. In diesem Spektrum ist als weitere Variable der Ausdruck $K^2 D$ enthalten, wobei $K = \dfrac{4\pi n_0}{\lambda_0} \cdot \sin\dfrac{\theta}{2}$ und D die Translations-Diffusionskonstante sind.

---

* Die Autokorrelationsfunktion korreliert die gleiche Funktion $g(t)$ zu den Zeitpunkten t und $t+\tau$, sie stellt also den Zeitmittelwert des Produktes $g(t) \cdot g(t+\tau)$ dar.

Aus dem K^2D-Wert, der der Halbwertsbreite der Lorentz-Funktion entspricht, kann man sodann die Diffusionskonstante D ausrechnen. Bei kleinen Winkeln θ wird die Linienverbreiterung nur durch die Translations-Diffusionskonstante verursacht. Bei großen Winkeln macht sich auch die Wirkung der Rotations-Diffusionskonstante D_r bemerkbar und man kann für bestimmte Modelle (Stäbchen, Knäuel) aus entsprechenden Messungen auch D_r ermitteln.

Zur Analyse der Zeitabhängigkeit der Sekundärstreuung mißt man die Zahl der Lichtimpulse, die in aufeinanderfolgenden, gleichen Zeitintervallen t_i (im Mikrosekundenbereich) auf den Lichtdetektor auftreffen. Daraus gewinnt man (meist mit Hilfe von Computern) die Autokorrelationsfunktion der Lichtintensität, aus der man die Raum-Zeit Autokorrelationsfunktion der Teilchen $C(K,t)$ ermitteln kann:

$$C(K,t) = e^{-K^2Dt}.$$

Trägt man den natürlichen Logarithmus dieser Autokorrelationsfunktion gegen die Intervall-Zeit t auf, so erhält man eine Gerade, deren Steigung gleich ist einer charakteristischen Korrelationszeit t_c, innerhalb derer ein Teilchen die Strecke $1/K^2D$ diffundiert:

$$\text{Steigung} = K^2D = \frac{1}{t_c}.$$

Aus dem so ermittelten Wert der Steigung kann wiederum die Diffusionskonstante D errechnet werden.

Bei geladenen Teilchen kann man zusätzlich noch ihre Wanderungsgeschwindigkeit im elektrischen Feld ermitteln. Führt man nämlich das quasielastische Streuexperiment zwischen geladenen Elektroden durch, so daß es zur Elektrophorese kommt, so kann man neben dem Diffusions-Koeffizienten auch die Beweglichkeit bestimmen.

2.48 IR- und UV-Spektroskopie

Schickt man Licht durch Materie, so werden jene Wellenlängen absorbiert, deren Energie gleich ist der Energiedifferenz zwischen zwei möglichen Zuständen E_1 und E_2

$$h\nu = \Delta E = E_2 - E_1.$$

Das ΔE kann dabei sehr verschieden sein. Bezieht es sich auf den Übergang von Elektronen der äußeren Bahnen von einem Quantenzustand in einen höheren, so liegen die entsprechenden Lichtwellenlängen im Gebiet des ultravioletten und sichtbaren Lichtes. Man spricht dann von der UV-Spektroskopie bzw. der Spektroskopie im sichtbaren Bereich. Trägt man die Absorption A (früher Extinktion E genannt):

$$A = \log \frac{I_0}{I} \quad \begin{array}{l} I_0: \text{Intensität des einfallenden Lichtes,} \\ I: \text{Intensität des austretenden Lichtes,} \end{array}$$

gegen die Wellenlänge λ auf, so erhält man *Absorptionsmaxima* an jenen Stellen, wo die obige Bedingung erfüllt ist. Die Absorption A ist nach dem Lambert-Beerschen Gesetz mit der Konzentration an absorbierenden Gruppen und der Schichtdicke verbunden nach

$$A = a' \cdot c' \cdot d \quad \begin{array}{l} c': \text{Konzentration in g/100 ml,} \\ d: \text{Schichtdicke in cm.} \end{array}$$

Hierbei ist a' die sogenannte spezifische Absorptivität (früher Extinktionskoeffizient genannt). Nach derselben Formel erhält man die molare Absorptivität a, wenn man c in Mol/l ausdrückt. Für Polymere arbeitet man meist mit der grundmolaren Absorptivität, die auf das Molekulargewicht des Grundbausteins, m_0, bezogen ist; wir nennen sie a^x. Es gelten die Zusammenhänge:

$$a' = \frac{10\,a}{M} \; ; \quad a' = \frac{10\,a^x}{m_0} \quad \begin{array}{l} M: \text{Molekulargewicht,} \\ m_0: \text{Molekulargewicht des Grundbausteines.} \end{array}$$

Bei Gemischen setzt sich die Absorption additiv aus den Absorptionen der einzelnen Komponenten zusammen.

$$a_{\text{Gemisch}} = a_1 w_1 + a_2 w_2 \quad w: \text{Gewichtsanteile.}$$

Aus der Lage der Absorptionsmaxima kann auf die Art der Gruppen geschlossen werden, die die Absorption verursachen; man nennt diese Gruppen Chromophore. Im UV absorbieren z. B. Doppelbindungen, insbesondere aromatische Systeme, wobei die Absorptionslage durch benachbarte Gruppen noch beeinflußt wird. Man kann mit Hilfe des Lambert-Beerschen Gesetzes die Konzentration solcher chromophorer Gruppen in einem Polymeren bestimmen. Allerdings ist das Lambert-Beersche Gesetz ein Grenzgesetz, das nur bei geringen Konzentrationen gilt; im Zweifelsfall muß man sich überzeugen, ob es im untersuchten Bereich noch zutrifft.

Sind die gelösten Teilchen große Polymermoleküle, so tritt häufig neben der konsumptiven Absorption noch eine konservative auf, nämlich die Tyndall-Streuung. Diese kann die Banden verbreitern oder auch schwächen. Ist sie merklich (das heißt, sind die Lösungen ausgesprochen trüb), so muß man eine Tyndall-Korrektur durchführen. Dazu bestimmt man in einem Wellenlängengebiet, in dem keine selektive Absorption erfolgt, die Absorption als Funktion der Wellenlänge. Es ergibt sich in der doppelt logarithmischen Auftragung eine Gerade (bei kleinen Teilchen das λ^4 Gesetz), die nun linear in den Bereich der selektiven Absorption extrapoliert und dort graphisch von dieser subtrahiert werden kann (Abb. 39). Er resultiert eine beträchtliche Verschärfung der Absorptionsbanden.

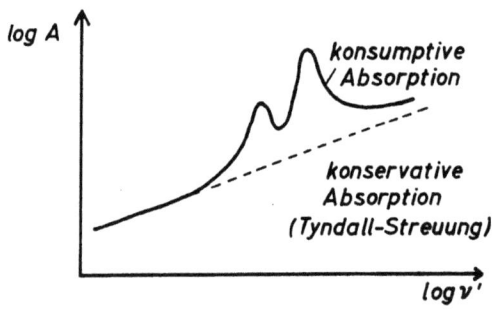

Abb. 39. Die Tyndall-Korrektur

Eine nützliche Anwendung der UV-Spektroskopie ergibt sich bei Polymeren, in die durch eine Reaktion ein absorbierender Substituent eingeführt wurde (z. B. bei Derivaten von Naturstoffen). Ist s der Substitutionsgrad (das heißt die Zahl der Substituenten pro Grundbaustein), so ist

$a^x = a_s \cdot s$ a_s: molarer Extinktionskoeffizient des Substituenten,

und weiterhin

$a' = \dfrac{10 s a_s}{m_D}$ m_D: Molekulargewicht des Grundbausteines des Derivates.

Ermittelt man somit a_s mit Hilfe von niedermolekularen Modellen mit demselben Chromophor (z. B. aus Toluol bei Polystyrol), so kann man sodann aus UV-Messungen den Substitutionsgrad s bestimmen:

$$s = \frac{a' \cdot m_0}{10 a_s - a'(m_s - 1)} \quad m_s\text{: Molekulargewicht des eintretenden Substituenten}$$

(erfolgt die Derivatbildung nicht durch Substitution, sondern durch Addition, so ist für $m_s - 1$ einfach m_s zu setzen).

Absorptionsmaxima im IR-Bereich hängen mit Schwingungs- und Rotationsvorgängen in den Molekülen zusammen. Man kann daher aus den IR-Spektren auf bestimmte chemische Gruppierungen in Polymeren rückschließen, etwa auf CH, CH_2, OH, CO, NH etc. Genaue Analysen erlauben sogar zu unterscheiden, ob die Wasserstoffatome in OH-Gruppen durch Wasserstoffbrücken gebunden sind oder nicht; daraus kann man z. B. bei Cellulose den Kristallinitätsgrad errechnen. Manchmal kann man aus dem Verhältnis der Absorptivitäten von zwei Schwingungen bei bestimmten Wellenlängen auf den Grad der Stereospezifität schließen; allerdings ist diese Methode empirisch und erfordert eine Eichung (z. B. durch NMR-Spektroskopie).

2.49 Optische Rotationsdispersion (ORD) und Circulardichroismus (CD)

Bekanntlich drehen Stoffe mit Chiralität (z. B. asymmetrische C-Atome, Helix-Struktur) die Ebene des polarisierten Lichtes. Den Drehungswinkel nennt man α, er wird mit Polarimetern gemessen. Trägt man die spezifische Rotation $[\alpha]$

$$[\alpha] = \frac{10\alpha}{c \cdot d} \quad \begin{array}{l} c\text{: Konzentration in g/ml,} \\ d\text{: Schichtdicke in cm,} \end{array}$$

oder die molare Rotation $[M]$

$$[M] = \frac{M \cdot [\alpha]}{100},$$

als Funktion der Wellenlänge auf, so erhält man die *optische Rotationsdispersion*. Der Betrag der Drehung fällt mit steigender Wellenlänge; an

Stellen, wo Absorptionen auftreten, kommt es zu Anomalien in dieser Kurve, die man als Cotton-Effekt bezeichnet; der Cotton-Effekt kann positiv oder negativ sein (Abb. 40). Aus Vorzeichen und Größe des Cotton-Effektes kann man auf die Stereochemie der Moleküle schließen.

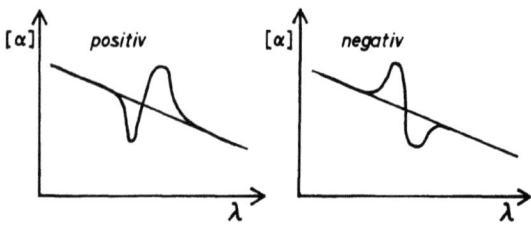

Abb. 40. Cotton-Effekt

Ähnliche Auskünfte liefert der Circulardichroismus. Bei dieser Methode wird die Differenz der spezifischen Absorptivitäten für links- und rechts-circularpolarisiertes Licht, Δa, gegen λ aufgetragen. Sowohl der Cotton-Effekt in der ORD als auch CD liegen an der Stelle einer UV-Absorption; ORD und CD sind sogar ineinander umrechenbar. Diese Zusammenhänge sind in Abb. 41 schematisch dargestellt.

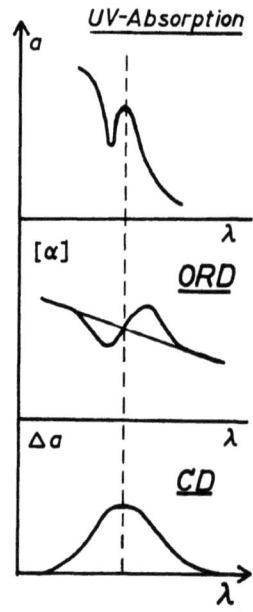

Abb. 41. Absorption, optische Rotationsdispersion und Circulardichroismus

2.50 Kernmagnetische Resonanz-Spektroskopie (KMR, NMR)

Atomkerne, deren Ordnungszahlen und Massenzahlen beide gleichzeitig nicht gerade sind, besitzen einen Spin (Beispiele: H^1, C^{13}, O^{17}, F^{19}). Bringt man solche Atome in ein starkes Magnetfeld, so werden ihre Energieniveaus in zwei oder mehr Quantenzustände mit dem Spin parallel und antiparallel zum Magnetfeld aufgespalten. Übergänge zwischen diesen beiden Zuständen entsprechen wieder der Aufnahme oder Abgabe einer Energie entsprechend der Quantenbedingung:

$$\Delta E = h\nu_0 = 2\mu H_0,$$

wobei die Frequenz ν_0 im Mikrowellenbereich liegt, wenn magnetische Feldstärken H_0 in der Gegend von 10^4 Gauß verwendet werden. Hier ist μ das magnetische Moment des Atomkerns. Die Resonanz, erkenntlich in einem Maximum an absorbierter Strahlung, kann durch Variation von ν_0 oder von H_0 aufgesucht werden. In einer Gruppe von Atomkernen wird das äußere Magnetfeld H_0 durch das von den umgebenden Kernen verursachte Feld H_L modifiziert:

$$h\nu_0 = 2\mu(H_0 + H_L).$$

H_L beträgt zwar nur 5–10 Gauß; durch führt das stets vorhandene Spektrum von Lokalfeldern zu einer Verbreiterung der Absorptionslinie, die durch die Linienbreite und ihr zweites Moment charakterisiert wird.

Die Untersuchung des NMR-Spektrums erlaubt Aussagen über Molekülbewegungen und deren Modifizierung durch die molekulare Umgebung. In der Anwendung auf Polymere, insbesondere bei Beobachtung der Resonanz der H-Atome (Protonenresonanz) sind vor allem drei Anwendungen bekannt geworden, wenn man von direkten analytischen Fragestellungen absieht. Zunächst kann man mit dieser Methode bei mikrokristallinen Polymeren direkt den *amorphen Anteil* bestimmen; die relativ unbeweglichen Protonen in kristallinen Bereichen liefern nämlich breite Linien, während die beweglichen in den amorphen Gebieten zu einer beträchtlichen Verschärfung der Linien führen. Weiter kann man bei stereospezifischen Polymeren den Grad der *Taktizität* ermitteln, also z. B. den Prozentsatz von aufeinanderfolgenden Dreiergruppierungen mit derselben Konfiguration (z. B. isotaktische Triaden). Diese Methode gilt heute als die wichtigste, um Aussagen über die Taktizität von Polymeren zu erhalten. Zuletzt kann man aus dem Abfall der Protonen-Magnetisierung *Relaxationszeiten* ermitteln, über die man bei Netzwerklösungen das Netzbogengewicht M_e errechnen kann, bei dem der Übergang von der Partikel-Lösung zur Netzwerk-Lösung erfolgt.

2.51 Elektronenspin Resonanz-Spektroskopie (ESR)

Ungepaarte Elektronen, wie sie in paramagnetischen Stoffen oder in freien Radikalen vorhanden sind, besitzen ebenfalls einen Spin. Man kann auch hier wieder eine Resonanzbedingung schreiben:

$$\Delta E = h v_0 = g \beta \mu_0 H_0,$$

wobei g ein geometrischer Faktor ist, β das magnetische Moment des Elektrons und μ_0 die magnetische Permeabilität im Vakuum. Ein weiterer zusätzlicher Beitrag wird durch die Verkoppelung des Elektronenspins mit dem Kernspin geleistet. Die Frequenz v_0 liegt wieder im Mikrowellenbereich. Der Hauptanwendungsbereich der ESR-Spektroskopie lag bisher im Nachweis von freien Radikalen; so konnte damit bei Polymeren nachgewiesen werden, daß Molekülzerreißungen durch mechanische Kräfte über freie Radikale verlaufen. In vielen Fällen gelingt es, im ESR-Bereich nicht aktive Gruppen chemisch mit niedermolekularen paramagnetischen Molekülen zu verknüpfen; diese Methode der „Spinmarkierung" stellt eine nützliche Erweiterung des Verfahrens dar.

III. Der feste Zustand

3.1 Kristallinität bei Polymeren

Die meisten Polymeren sind teilweise kristallin. Untersuchungen mit Hilfe der Röntgen-Strukturanalyse zeigen, daß in den Polymeren Gebiete vorkommen, in denen eine dreidimensionale Ordnung herrscht, wie sie für Kristalle typisch ist. Daneben kommen aber auch weniger geordnete Gebiete vor, deren Struktur eher flüssigkeitsähnlich ist; man nennt diese Gebiete auch amorph. Offenbar existieren in Polymeren beide Gebiete nebeneinander, wobei die langen Makromolekül-Ketten durchaus durch mehrere Gebiete gehen können und somit einen Zusammenhang darstellen: die kristallinen und die amorphen Bereiche sind gewissermaßen auf die einzelnen Molekülketten „aufgefädelt". Genau genommen gibt es zwischen der Kristall-Ordnung und der völligen Unordnung viele Zwischenstufen, so daß man eigentlich von einer polyphasischen Struktur reden müßte. Meist benützt man aber die „Zweiphasen-Näherung" und spricht nur von den kristallinen und den amorphen Bereichen bzw. Phasen.

In den kristallinen Bereichen können die Makromoleküle sicher nicht als Knäuel vorliegen; eine enge Packung, wie sie notwendig ist, damit durch die Nebenvalenzkräfte die kristalline Ordnung erzwungen wird, kann sich nur einstellen, wenn die Ketten selbst eine gewisse Ordnung aufweisen. Inwieweit eine solche Ordnung möglich ist, hängt von der Konfiguration und von der Konformation der Molekülketten ab. Dabei versteht man unter Konfiguration die durch die Art der Aneinanderbindung der Grundbausteine erzeugte Struktur; die Konfiguration kann nur geändert werden, wenn Bindungen geöffnet und neu geschlossen werden. Es sind bei Polymeren verschiedene Konfigurations-Isomerien möglich, wenn mindestens ein abweichender Substituent pro Grundbaustein vorliegt. Bei Vinylpolymeren kennen wir die Kopf–Schwanz-Isomerie:

$$-CH_2-CH-CH-CH_2- \qquad -CH_2-CH-CH_2-CH-$$
$$|| \qquad ||$$
$$XX \qquad XX$$

$$\text{Kopf–Kopf} \qquad\qquad \text{Kopf–Schwanz}$$

Enthält die Kette Doppelbindungen, so ist cis-trans-Isomerie möglich:

$$\underset{\text{cis}}{\overset{}{X}}\text{C=C}\underset{X}{} \qquad \underset{\text{trans}}{\overset{X}{}}\text{C=C}\underset{X}{}$$

Legt man entlang der Molekülkette eine Richtung fest, so sind bei jedem substituierten Kohlenstoff-Atom zwei Konfigurationen möglich. Meist spricht man von L- und D-Konfiguration. Dies ist eigentlich nicht korrekt, da man hier meist keine Absolutkonfiguration ermitteln kann, und daher weder die älteren Bezeichnungen L und D (Fischer) noch die neueren S und R (Prelog) zutreffend sind.

In vielen Polymeren folgen L- und D-Konfigurationen (die wir, im Sinne des Gesagten, nicht als absolut verstehen wollen) rein zufällig aufeinander; man spricht dann von einer *ataktischen Struktur*. Ist die Aufeinanderfolge geordnet, so nennt man die gebildeten Polymeren *stereospezifisch*. Bei der *isotaktischen Struktur* folgen stets gleiche Konfigurationen, man hat also Sequenzen –DDDDDD– oder –LLLLL–, während bei der *syndiotaktischen* Struktur die Konfigurationen abwechseln, also z. B. Folgen –DLDLDLDL– vorliegen. Isotaktische oder syndiotaktische Ketten können viel besser geordnet werden und kristallisieren daher viel besser als ataktische. Legt man die Zickzack-Kette der Kohlenstoff-Atome in eine Ebene, so liegen bei der isotaktischen Struktur alle Substituenten auf derselben Seite, während sie bei der syndiotaktischen zwischen ober-

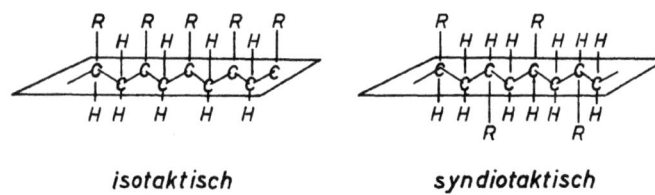

Abb. 42. Isotaktische und syndiotaktische Polymere

halb und unterhalb der Ebene regelmäßig wechseln (Abb. 42). Die Bestimmung der Taktizität gehört heute zu den wichtigsten analytischen Methoden für Polymere. Man gibt sie häufig als den Prozentsatz von isotaktischen Triaden, also –DDD– bzw. –LLL– Folgen im Molekül an. 100prozentige Stereospezifität ist selten, liegt sie bei 80 bis 90%, so nennt man die Polymeren bereits isotaktisch bzw. syndiotaktisch. Die wichtigste Methode zur Bestimmung der Taktizität ist die NMR-Spektroskopie, da die dort erhaltenen Signale deutlich von der Umgebung abhängen. Eine isotaktische Triade wird also ein anderes Signal geben als eine syndiotaktische oder ein einzelner Grundbaustein; aus der relativen Intensität des Triaden-Signals kann man daher auf den Prozentsatz an Triaden schließen. In besonderen Fällen sind stereospezifische Polymere auch optisch aktiv.

Die eben verwendete Methode, die Taktizität in kleinen Bereichen (die Mikrotaktizität) mit Hilfe von Chiralitätsangaben (meist mit D und L) zu beschreiben, ist eigentlich nicht richtig, da man nichts über die absolute Konfiguration weiß. Was man angeben kann, ist nur die Aufeinanderfolge von zwei Konfigurationen (Diade). Sind diese gleich (also etwa DD oder LL), so spricht man von einer m-Diade (meso), sind sie ungleich (DL oder LD), von einer r-Diade (racemisch). Häufig bedient man sich jedoch der D,L-Bezeichnung, wobei man auf Absolutwerte verzichtet, so daß D und L jeweils nur relative Angaben sind.

Man kann die Mikrotaktizität mit Hilfe eines Parameters σ beschreiben (Bovey); wobei σ die Wahrscheinlichkeit ist, daß zwei gleiche Konfigurationen aufeinanderfolgen. Somit ist σ die Wahrscheinlichkeit für eine isotaktische Anordnung (DD, LL oder m-Diade), und $(1-\sigma)$ für eine syndiotaktische (DL, LD oder r-Diade). Meist arbeitet man jedoch mit Triaden (die man auch bei den spektroskopischen Methoden erhält). Wir können mit drei Arten von Triaden rechnen:

isotaktische (i): DDD, LLL bzw. mm,
syndiotaktische (s): DLD, LDL, bzw. rr,
heterotaktische (h): DDL, LLD, DLL, LDD bzw. mr, rm.

Wir können nun auch die Bruchteile bestimmter Triaden errechnen, indem wir ihre Wahrscheinlichkeiten multiplizieren. So erhalten wir für den Bruchteil an syndiotaktischen Triaden F_s als Produkt der beiden r-Folgen:

$$F_s = (1-\sigma)^2.$$

Analog ergibt sich für den Bruchteil der isotaktischen Triaden F_i:

$$F_i = \sigma^2,$$

und ebenso für den Bruchteil der heterotaktischen Triaden F_h:

$$F_h = 2\sigma(1-\sigma).$$

Die drei Triaden-Bruchteile sind untereinander verknüpft nach:

$$F_s + F_i + F_h = 1.$$

Konformativ verschieden sind jene Strukturen, die durch Betätigung der freien Drehbarkeit der C—C-Bindungen entstehen; die Konformation kann also am intakten Molekül geändert werden, ohne daß Bindungen zerstört werden müssen. Die Konformation wird durch die Energie bestimmt, die bestimmte Werte der Drehung aufweisen. Die Drehung wird durch den Azimuthwinkel ϕ beschrieben. Trägt man die Energie als Funktion des Winkels auf, so ergeben sich bei der Kette mit lauter gleichen Substituenten (z. B. Polyäthylen) drei Maxima und drei Minima

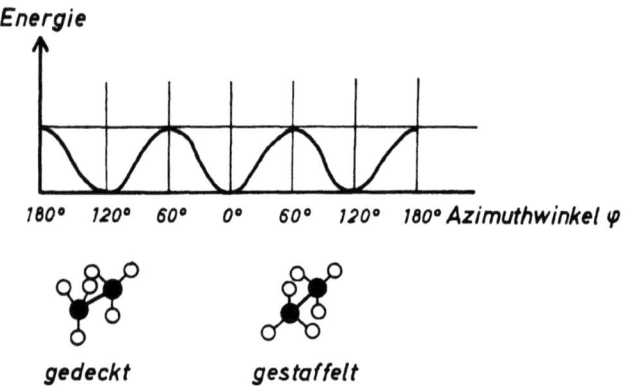

Abb. 43. Azimuth und Konformationsenergie bei lauter gleichen Substituenten

(Abb. 43). Die Maxima entsprechen den sogenannten gedeckten Stellungen, bei denen die Substituenten der beiden C-Atome einander decken, und die Minima den gestaffelten, bei denen dies nicht der Fall ist. Gedeckte Stellungen liegen bei $\phi = 60$, 180 und 300° vor; gestaffelte bei $\phi = 0$, 120 und 240°. Enthält die Kette pro C-Atom einen Substituenten, so ändert sich das Bild. Die gedeckte Stellung bei $\phi = 180°$ ist energetisch besonders ungünstig (hohes Maximum); sie entspricht der cis-Stellung. Die beiden anderen gedeckten Stellungen nennt man schief (s und s', (vgl. Abb. 44). Von den gestaffelten Stellungen ist nun die mit $\phi = 0°$ besonders begünstigt, es ist eine trans-Stellung. Die beiden anderen gestaffelten Stellungen entsprechen weniger tiefen Minimas, wir nennen sie gauche (g und g'). Liegen noch mehr Substituenten vor, so werden die

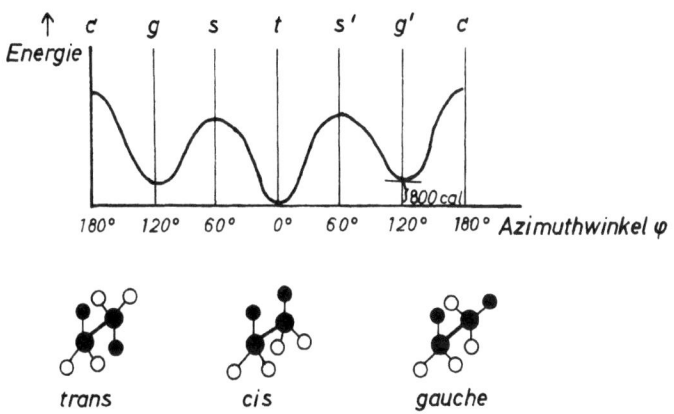

Abb. 44. Konformationsenergie bei einem verschiedenen Substituenten

Energiekurven auch noch unsymmetrisch. Schon bei monosubstituierten Polymerketten, etwa dem Polypropylen, ist die gestreckte trans-Konformation energetisch am günstigsten. Hier ist die Kette in einer Ebene angeordnet, und die Ausdehnung wird nur durch den Bindungswinkel bestimmt, wie in Abb. 45 für Polyäthylen dargestellt. Man sieht daraus auch, daß die Länge der ebenen Zickzack-Kette in Vinylpolymeren pro Grundbaustein 2,52 Å beträgt. Die gauche-Stellungen sind energetisch ebenfalls recht günstig, die Minima sind nur wenig höher als die trans-Lagen (etwa um 800 cal). Folgen bei einer Kette stets gauche-Konformationen im gleichen Schraubensinn aufeinander (also stets $gggg$ oder stets $g'g'g'$), so führt das zu *Helix-Konformationen*, die rechts- oder links-Schrauben darstellen. Von der Zahl der Grundbausteine pro Windung

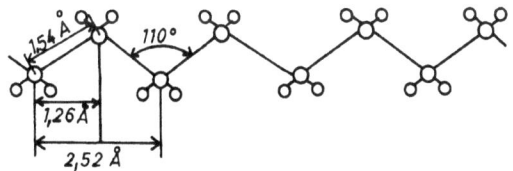

Abb. 45. Die ebene Zickzack-Kette

hängt es ab, wie steil eine Helix ist; man beschreibt daher die Helix durch Angabe der Grundeinheiten pro Windung (Ganghöhe); bei Polyisobutylen liegt im festen Zustand eine 8/5-Helix vor; das heißt, es kommen 8 Grundbausteine auf 5 Windungen. Sehr häufig ist bei synthetischen Polymeren eine Helix, bei der 3 bis 3,5 Grundbausteine auf eine Windung kommen. Helices werden oft durch sperrige Substituenten erzwungen; je sperriger diese sind, desto lockerer (steiler) ist die Helix.

Wenn nun Polymere kristallisieren, so werden die genannten Strukturprinzipien realisiert. Aus energetischen Gründen ist die ebene Zickzack-Struktur begünstigt (trans-Konformation), solange nicht Substituenten sie unmöglich machen. Solche gestreckte Ketten findet man in den Kristallen von Polyäthylen, Polyvinylalkohol, Polyvinylchlorid (syndiotaktisch), Polyamid und Cellulose. Häufig sind die einzelnen Ketten durch H-Brücken miteinander verbunden, sie formen dann Ebenen und man spricht von Blattstrukturen. In manchen Fällen ist die gestreckte Konformation etwas gestört, wie bei den Polyestern, bei denen die Ketten durch Rotation um die C—O-Bindung etwas verkürzt sind, um dichtere Packung zu ermöglichen. Treten solche Verkürzungen in Blattstrukturen regelmäßig auf, so erhält man die *Faltblattstruktur*, die regelmäßig gewellter Pappe entspricht; ein Beispiel sind natürliche Polypeptide. Helix-Strukturen finden sich bei Polyisobutylen, bei den meisten isotaktischen Polymeren, bei Polytetrafluoräthylen und bei der sog. α-Keratin-Struktur der Proteine. Die β-Keratin-Struktur besteht aus nahezu gestreckten Polypeptiden.

3.2 Röntgen-Strukturanalyse von kristallinem Material

Für den kristallinen Zustand ist die regelmäßige Anordnung der Moleküle charakteristisch. Sie befinden sich auf den sogenannten Gitterplätzen, Orten besonders geringer potentieller Energie, auf denen sie Schwingungen ausführen können, aber durch hohe Energieschwellen gehindert werden, ihren Platz zu wechseln. Die Gesamtheit der Gitterplätze bildet das Kristallgitter, und die kleinste Untereinheit dieses Gitters nennt man die Gitterzelle. Die *Gitterzelle* ist eine geometrische Fiktion, die etwa einem Würfel, einem Rechteck oder sonst einem Körper entsprechen kann; sie wird durch die Längen und Winkel ihrer Kanten bestimmt. In der Gitterzelle sind die Moleküle in bestimmter Weise angeordnet. Makromoleküle sind gewöhnlich so groß, daß sie mehreren Gitterzellen zugleich angehören. In der Gitterzelle von Polyäthylen z. B. liegen die Molekülketten an den Kanten und in der Mitte eines Quaders. Die Streuung der Röntgenstrahlen kommt durch die kernnahen Elektronen der Atome zustande. Denkt man sich die Gitterzelle durch Linien geschnitten, so ergibt dies die Netzebenen; sie sind voneinander verschieden weit entfernt. Diese Entfernung nennt man den Netzebenenabstand d; offensichtlich kann man durch eine Gitterzelle sehr viele Netzebenen mit verschiedenen Abständen d legen. Man kann einen bestimmten Netzebenenabstand d berechnen nach der Formel:

$$\frac{1}{d} = \sqrt{\left(\frac{h^2}{a^2} + \frac{k^2}{b^2} + \frac{l^2}{c^2}\right)}. \quad a,b,c: \text{Kantenlängen}$$

Die Zahlenwerte von h, k und l nennt man die *Millerschen Indices*, sie geben an, in welcher Weise die Netzebene durch die Gitterzelle gelegt wurde (Abb. 46). Die Streuung der Röntgenstrahlen hängt nun von zwei

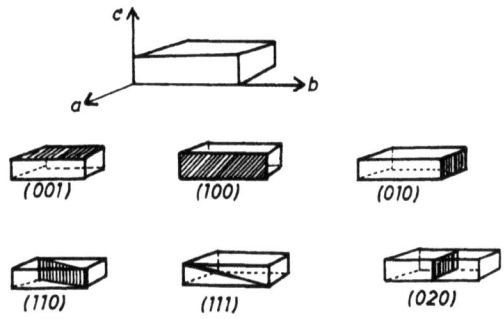

Abb. 46. Die Indizierung der Netzebenen. Die Miller-Indizes h, k, l werden wie folgt gebildet: Wenn die Netzebene die Achse a bzw. b bzw. c bei a/h bzw. b/k bzw. c/l schneidet, so sind die Indizes h, k, l

Dingen ab. Infolge des regelmäßigen Aufbaues der Gitterzelle treten scharfe Interferenzen bei bestimmten Winkeln auf, die jeweils einem Netzebenenabstand zugeordnet sind nach der Formel von Bragg:

$$n\lambda = 2d \cdot \sin\theta.$$

Hier ist 2θ der Winkel zwischen einfallendem und gebeugtem Strahl (vgl. Abb. 47), λ die Wellenlänge und n die Ordnung der Interferenz; bei Polymeren kann man meist nur wenige Ordnungen beobachten. Die Intensität der Interferenz hängt davon ab, wie dicht die jeweilige Netzebene von Atomen besetzt ist; im allgemeinen werden daher Netzebenen, die durch die Ecken der Gitterzelle gehen (und daher niedrige Millersche Indices haben) mehr Atome enthalten und daher intensivere Interferenzen ergeben als flachere Netzebenen. Aus der Intensität und der Lage von Interferenzen kann man bei einem unbekannten Kristall die Abmessungen der Gitterzelle bestimmen; für die meisten kristallinen Poly-

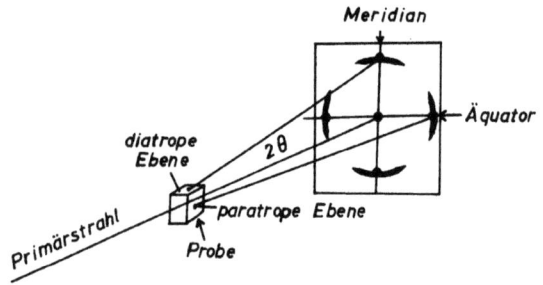

Abb. 47. Die Beugung von Röntgenstrahlen

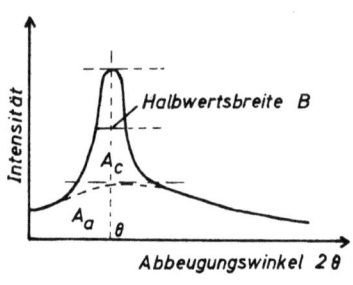

Abb. 48

meren sind die Gitterzellen und die Lagen der Kettenmoleküle in der Gitterzelle bekannt. Große und regelmäßige Kristalle liefern sehr schmale und scharfe Interferenzen; bei Polymeren dagegen findet man verbreitete Interferenzen, die überdies noch einem diffusen Untergrund aufgesetzt sind (Abb. 48). Diese sogenannte „*Linienverbreiterung*", die man als die Halbwertsbreite angibt, hängt mit der Breite der kristallinen Bereiche zusammen. Nach einer Formel von Scherrer kann man aus der Halbwertsbreite B die Kristallitbreite L ausrechnen:

$$L = \frac{K \cdot \lambda}{B \cos \theta} \quad K: \text{Scherrer-Konstante } (\approx 1).$$

Allerdings wird die Linienverbreiterung noch durch andere Effekte beeinflußt, etwa Störungen im Kristallit, Kristallitgrößenverteilungen, Fehlstellen; so daß die obige Formel im allgemeinen nur Relativwerte liefern kann. Hosemann bezeichnet derartige störungsreiche kristalline Bereiche als Parakristalle. Eine weitere Folge dieser Unregelmäßigkeiten in den Kristallen ist, daß die Intensität der Interferenzen bei höheren Ordnungen (also mit steigendem n) sehr rasch abfällt, so daß man meist nur die Interferenz mit $n=1$ beobachten wird können.

Legt man der Struktur des Polymeren das *Zweiphasenmodell* zugrunde, das eine kristalline und eine amorphe Phase postuliert, so kann man die scharfen Interferenzen der Abb. 48 den kristallinen Bereichen, den diffusen Untergrund den amorphen zuordnen. Nimmt man für die Streuung von diesen beiden Phasen Additivität an, so kann man für jeden Winkel schreiben:

$$I = \phi_c I_c + (1-\phi_c) I_a,$$

wobei ϕ die Volumenfraktionen bedeuten, und die Indices c und a kristallin und amorph. Um andere Einflüsse, die die Schärfe der Kristallinterferenzen beeinflussen, möglichst zu kompensieren, vergleicht man aber nicht die Intensität bei einem Winkel, sondern integriert über den gesamten Meßbereich wie in Abb. 48 angedeutet. Freilich ist hier die Abtrennung des diffusen Untergrundes subjektiv und daher einigermaßen willkürlich. Vergleicht man sodann die Flächen A_c und A_a, die der kristallinen und der amorphen Streuung entsprechen, so erhält man daraus den Kristallinitätsindex I *(Kristallinitätsgrad)*, der den Bruchteil (Gewichtsfraktion) der kristallinen Bereiche ausmacht:

$$I = \frac{A_c}{A_c + A_a}.$$

Ein Kristallinitätsindex von 0,7 bedeutet, daß 70 % des Polymeren in kristalliner Form vorliegt. Die Kristallinität von Polymeren liegt zwischen etwa 0,1 und 0,95, wie die Tabelle 7 zeigt.

Tabelle 7 Kristallinität von Polymeren (röntgenographisch gemessen)

	Kristallinität in %
Polyäthylen, linear	80-95
Polyäthylen, verzweigt	60
Polyvinylidenchlorid	75
Polyvinylchlorid	10
Polyacrylnitril	40
Polyäthylenterephthalat	55-75
Polyamid	60-80
Baumwolle	70
Kunstseide	40
Polystyrol, ataktisch	0

Der Kristallinitätsgrad sagt noch nichts über die Größe und Gestalt der kristallinen Bereiche selbst, die man auch Kristallite nennt. Zwar ist wahrscheinlich der Übergang von der kristallinen Phase in die amorphe Phase meist nicht scharf, sondern allmählich, aber die angewandten Methoden erlauben doch eine Abgrenzung, so daß man „Kristallitgrößen" bestimmen kann. Neben der schon erwähnten Linienverbreiterung macht man hier besonders von der Röntgenkleinwinkelstreuung Gebrauch. Die meisten Kristallite sind anisotrop, in manchen Fällen gleichen sie sogar kleinen Quadern. Die Länge der Kristallite liegt meist zwischen 200 und 800 Å, so daß die Kettenlänge der Makromoleküle jedenfalls ein Mehrfaches der Kristallitlänge ausmacht.

Die Kristallite können in Polymeren grundsätzlich alle möglichen Lagen einnehmen. Das bedeutet, daß die scharfen Kristallinterferenzen volle Kreise bilden werden, wie in Abb. 49 dargestellt. Werden nun die Kristallite, etwa durch Verstreckung, orientiert, indem ihre Längsachsen

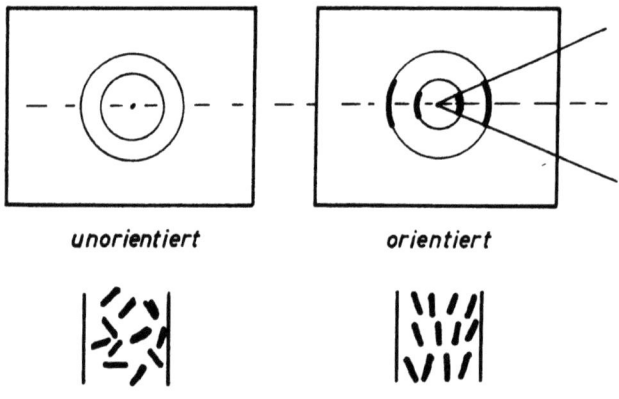

Abb. 49. Kristallit-Orientierung und Röntgendiagramm

in die Zugrichtung ausgerichtet werden, so schrumpfen die Interferenzkreise zu Kreisbögen (Sicheln) zusammen, deren Breite ein Maß für die Orientierung der Kristallite darstellt. Man kann auf diese Weise röntgenographisch die Orientierung der Kristallite eines Polymeren sehr genau messen. Man bezeichnet die Größe

$$f = \frac{3\overline{\cos^2 \alpha} - 1}{2}$$

als den Orientierungsfaktor, bezogen auf eine bestimmte Kristallitachse zu einer bevorzugten Richtung (Streckrichtung, Faserachse). Den mittleren Orientierungswinkel $\overline{\cos^2\alpha}$, den die betreffende Kristallitachse mit der Vorzugsrichtung einschließt, erhält man nach

$$\overline{\cos^2\alpha} = \cos^2\theta \cdot \overline{\sin^2\psi},$$

wobei 2ψ die Breite der Sichel ist. Die Sichel muß natürlich zu solchen Netzebenen gehören, die auf die Ausrichtung der betreffenden Kristallitachse ansprechen.

Den Wert von $\overline{\sin^2\psi}$ erhält man mit Hilfe von Mittelwertsformeln, in die die Intensitätsverteilung längs der Interferenzsicheln eingeht; diese gewinnt man durch Photometrierung der Sicheln in Längsrichtung.

Bei anisotropen Kristalliten (etwa von Bändchengestalt) kann man z. B. durch Pressen noch eine zweite Orientierung in der Preßebene erreichen; man spricht dann von „höherer Orientierung" und erkennt diese an der Lage und Breite der Sicheln, die verschiedenen Netzebenen entsprechen. Diese Orientierungsversuche sind sehr wichtig, wenn man die Gitterzelle eines kristallinen Polymeren bestimmen will, da ja Einkristalle fast nie zugänglich sind. Außerdem kann man über die Orientierung die Wirksamkeit einer Verstreckung sehr genau verfolgen und damit z. B. genauer verstehen, wie Verstreckung zu Festigkeitserhöhung führt.

Manche Polymere zeigen zusätzlich zu den üblichen Interferenzen (im sog. „Weitwinkelbereich") noch solche bei sehr kleinen Winkeln, die nach der Braggschen Beziehung Abständen von einigen 100 Å entsprechen, also viel größer sind als die Gitterdimensionen, und die Kristallit-Abmessungen entsprechen. Man nennt diese Kleinwinkel-Interferenzen oder Langperioden-Interferenzen; sehr deutlich findet man sie z. B. bei Polyamiden und Polyäthylen. Sie treten nur in erster Ordnung auf und man hat sie mit den Dimensionen und der Anordnung der Kristallite in Zusammenhang gebracht. Bei Polymeren, die aus Schmelzen kristallisieren, ändern sich die Langperioden mit den Kristallisationsbedingungen (Tempern). Aus den Langperioden-Interferenzen kann man Informationen über die Größe und Lage der Kristallite im Polymer ableiten (Abb. 50).

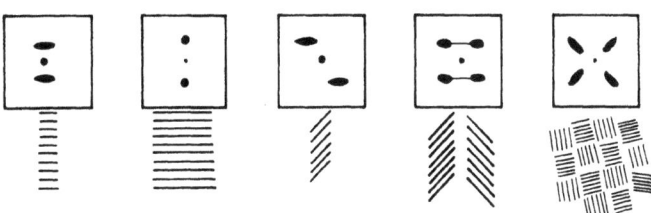

Abb. 50. Langperioden Interferenzen und Kristallitanordnung

3.3 Optische Doppelbrechung

Man nennt einen Körper optisch anisotrop, wenn er in den drei Raumrichtungen verschiedene Brechungsindices besitzt. Man kann diese Doppelbrechung im Polarisationsmikroskop bestimmen. Gewöhnlich mißt man den Brechungsindex parallel zu einer Vorzugsrichtung (Faserrichtung, Streckrichtung) und senkrecht dazu, man schreibt die Größen $n_{\|}$ und $n_{\perp}$, wobei $n_{\perp}$ wiederum ein Mittelwert aus den beiden zur Vorzugsrichtung senkrechten Richtungen ist (Approximation als optisch einachsiger Körper). Als Doppelbrechung bezeichnet man sodann den Ausdruck

$$\Delta n = n_{\|} - n_{\perp}.$$

Δn kann positiv oder negativ sein und ist experimentell relativ einfach zugänglich. Manchmal verwendet man auch den „*isotropen*" *Brechungsindex*

$$n_{\text{iso}} = \tfrac{1}{3}(n_{\|} + 2n_{\perp}).$$

Bei Polymeren ist die Doppelbrechung durch dreierlei Effekte verursacht: die Eigendoppelbrechung der Makromolekülketten Δn_a (so bezeichnet, weil sie auch bei amorphem Material in Erscheinung tritt, wenn die Molekülketten ausgerichtet sind), die Eigendoppelbrechung der Kristallite Δn_c, und die Formdoppelbrechung Δn_f, die nach Wiener eine Folge des zweiphasischen Aufbaues ist (Einbettung z. B. von Stäbchen in eine Matrix von anderem Brechungsindex). Die Gesamtdoppelbrechung setzt sich aus allen drei Komponenten zusammen; ist w_c der Gewichtsanteil der kristallinen Phase (Kristallinitätsindex *I*), so gilt:

$$\Delta n = w_c \Delta n_c + (1 - w_c) \Delta n_a + \Delta n_f.$$

Den Formdoppelbrechungsbeitrag kann man z. B. für Stäbchen vom Brechungsindex n_1 und Volumsanteil ϕ_1, eingebettet in ein Medium mit n_2, errechnen nach:

$$n_{\|}^2 = \phi_1 n_1^2 + (1-\phi_1) n_2^2,$$

$$n_{\perp}^2 = n_2^2 \cdot \frac{(\phi_1 + 1) n_1^2 + \phi_2 n_2^2}{(\phi_1 + 1) n_2^2 + \phi_2 n_1^2} \quad \text{mit} \quad \phi_2 = 1 - \phi_1,$$

$$n_{\|}^2 - n_{\perp}^2 = \frac{\phi_1 \phi_2 (n_1^2 - n_2^2)^2}{(1-\phi_1) n_2^2 + \phi_2 n_1^2}.$$

Der Ausdruck $n_{\|}^2 - n^2$ ist hier stets >0, das heißt, die Stäbchen-Formdoppelbrechung ist stets positiv.

Selbstverständlich hängt die Doppelbrechung auch von der Orientierung der Kristallite zur Vorzugsrichtung (Streckrichtung, Faserachse) ab; man nennt die dadurch zustande kommende Doppelbrechung auch

Orientierungsdoppelbrechung. Ist α der Orientierungswinkel zwischen Kristallitachse (Längsachse) und Streckrichtung, so kann — in Analogie zur Röntgenmethode — wieder ein Orientierungsfaktor definiert werden:

$$f = \frac{3\overline{\cos^2 \alpha} - 1}{2}.$$

Dieser Orientierungsfaktor kann experimentell ermittelt werden nach

$$f = \frac{\Delta n}{\Delta n_0} \cdot \frac{d_c}{d} \qquad \begin{array}{l} d_c\text{: Dichte der Kristallite,} \\ d\ \text{: Gesamtdichte,} \end{array}$$

wobei Δn die gemessene und Δn_0 die höchstmögliche Doppelbrechung ist, nämlich jene, die bei idealer Orientierung ($\alpha = 0$) erhalten wird. In manchen Fällen kann Δn_0 errechnet werden, in anderen kann man dafür den Doppelbrechungswert von Einkristallen einsetzen.

Übrigens werden Festkörper auch bei mechanischer Beanspruchung doppelbrechend; man nennt dies *Spannungsdoppelbrechung*. Sie besteht aus zwei Beiträgen: aus der Deformationsdoppelbrechung, die auf energieelastische Deformation von Bindungslängen und Bindungswinkel zurückgeht, und aus der Orientierungsdoppelbrechung im oben beschriebenen Sinne. Während die Orientierungsdoppelbrechung irreversibel ist oder zumindest eine beträchtliche Zeitabhängigkeit zeigt, ist die Deformationsdoppelbrechung völlig reversibel und geht bei Entfernung der Spannung sofort zurück. Kann man Orientierungsdoppelbrechung ausschließen, so kann daher eine bleibende Deformationsdoppelbrechung als Anzeichen von eingefrorenen inneren Spannungen angesehen werden; sie dient daher als wichtiges Untersuchungsverfahren für feste Polymere.

3.4 Die Morphologie von Kristallen bei Polymeren

Wenn wir davon ausgehen, daß Polymere teilweise kristallin sind (mikrokristallin), so erhebt sich die Frage nach der Gestalt der kristallinen Bereiche, der „Kristallite". Eine Vorstellung geht davon aus, daß im Gemisch der linearen Molekülketten nebeneinanderliegende Stücke durch die lateralen Kräfte in eine Gitterordnung gezwungen werden. Das geht, solange dazu die verknäuelten Segmente nicht zu sehr umgeordnet werden müssen. Man kann sich jedoch vorstellen, daß nach einer gewissen Strecke die Kristallisationshemmung durch die Knäuelnatur und die Unordnung der Molekülsegmente so groß ist, daß die Kristallisation zum Stillstand kommt: damit ist dann die Länge der Kristallite bestimmt. Auf ähnliche Weise werden auch die anderen Dimensionen begrenzt, so daß man zum Schluß einen Kristallit hat, der über lockere amorphe Zwischenbereiche mit dem nächsten verbunden ist. Da die amorphen Molekülketten wie Fransen aus dem Kristallit herausragen, nennt man diesen Typ „*Fransenkristallit*"; in ihm entspricht die Richtung der Molekülketten der langen Seite des Kristallits (Abb. 51). Solche Fransenkristallite (man gebraucht

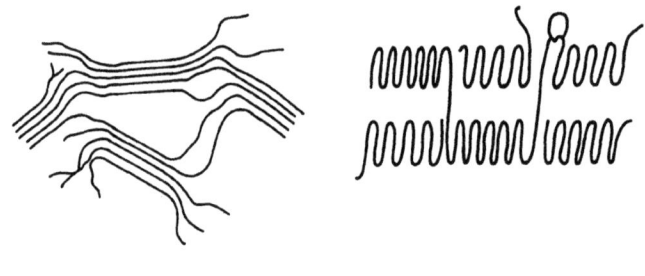

Fransenkristallit   Faltungskristallit

Abb. 51. Kristallit-Typen

oft auch noch das veraltete Wort „Fransenmicelle") liegen z. B. in nativer Cellulose vor. Später fand man, daß die Kristallite, die sich beim Erstarren von Schmelzen oder auch beim Kristallisieren von synthetischen Polymeren aus Lösungen bilden, völlig anders aufgebaut sind. Hier bilden die Molekülketten regelmäßige Falten, die Falten liegen an den Breitseiten des Kristallits und somit sind die Molekülketten senkrecht zur langen Achse des Kristallits angeordnet. Man spricht hier von *Faltungskristalliten*, die Molekülteile in einem Kristallit gehören hier weitgehend einem Makromolekül an (während der Fransenkristallit von sehr vielen verschiedenen Molekülen durchzogen wird). Die amorphen Bereiche werden beim Faltungskristallit durch die lockeren Schlaufen gebildet sowie durch vereinzelte Kettenstücke, die auch hier von einem Kristallit zum anderen reichen (vgl. Abb. 51). Polymere, die gut ausgebildete Faltungskristallite bilden, können Kristallinitäten über 95% besitzen (z. B. Polyäthylen).

Durch vorsichtige Kristallisation aus verdünnter Lösung kann man auch bei Polymeren Einkristalle erhalten, die einen Schichtenaufbau zeigen. Die Lamellen bestehen aus gefalteten Makromolekülen, wobei die Faltungslänge etwa 100 Å beträgt; sie hängt von den Kristallisationsbedingungen ab, jedoch nicht vom Molekulargewicht!

Bei der Kristallisation von Polymeren in Substanz erhält man häufig die „Sphärolit"-Textur, wie sie in Abb. 52 schematisch dargestellt ist. Sie

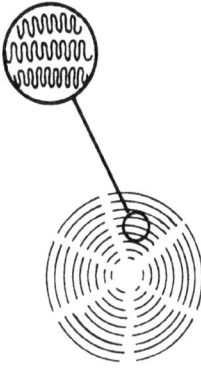

Abb. 52. Sphärolith

ist eine Folge des radialen Kristallwachstums von einem Keim aus; der Durchmesser der Sphärolite liegt bei etwa 10^{-2} bis 10^{-1} mm, er kann aber in Sonderfällen viel größer werden! Die gefalteten Moleküle liegen in den einzelnen „Wachstumsringen" der Sphärolite radial. Bei mikroskopischer Betrachtung erkennt man, daß die Sphärolite aus Lamellen oder Fibrillen aufgebaut sind, die ihrerseits vermutlich Faltungskristallite darstellen. Sphärolite sind zwar hochkristallin, enthalten jedoch auch noch amorphe Bereiche, die vermutlich Faltungsschlingen, Verbindungsstücke von einem Kristallit zum anderen und Fehlstellen darstellen.

Es besteht wenig Zweifel, daß in unorientierten synthetischen Polymeren, wie Polyamiden, Polyestern, Polyolefinen Faltungskristallite vorliegen, während in natürlichen Faserpolymeren, wie nativer Cellulose und Proteinfasern Fransenkristallite das Bauelement sind. Bei anderen Stoffen ist die Frage nach der Art des Kristallites noch nicht entschieden. Überdies kann durch mechanische Einflüsse, etwa durch starkes Verstrecken, durchaus ein Umbau der Kristallite erfolgen. So glaubt man heute, daß beim Verstrecken von synthetischen Fasern in der „Flaschenhalszone" ein Umbau von unorientierten Faltungskristalliten in hochorientierte Fransenkristallite erfolgt.

3.5 Kristallinitätsbestimmung aus dem spezifischen Volumen

Die kristalline Phase hat ein geringeres spezifisches Volumen (höhere Dichte) als die amorphe; mißt man das spezifische Volumen v_s als Funktion der Temperatur, so findet man beim Schmelzpunkt T_m einen deutlichen Sprung. Auch der Ausdehnungskoeffizient

$$\alpha = (1/v_s)\,dv_s/dT$$

ändert sich, er ist im amorphen Zustand größer (Abb. 53). Nimmt man an, daß die spezifischen Volumina der amorphen und der kristallinen Phase additiv sind, so ergibt sich

$v_s = x_c v_c + (1 - w_c) v_a$ w: Gewichtsanteile,
   v_s: spezifisches Volumen;
   die Indices bedeuten:
   a: amorph,
   c: kristallin,
   s: Mischung.

Daraus können wir sofort den Kristallinitätsindex I errechnen, der identisch ist mit dem Gewichtsanteil w_c der kristallinen Phase. Setzen wir noch für jedes spezifische Volumen die jeweilige Dichte, so erhalten wir:

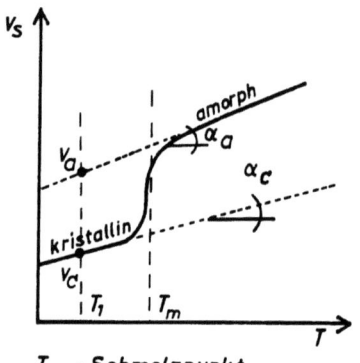

T_m : Schmelzpunkt
T_1 : Meßtemperatur

Abb. 53. Temperaturabhängigkeit des spezifischen Volumens v_s

$$I = w_c = \frac{v_a - v}{v_a - v_c} = \frac{(1/d_a) - (1/d)}{(1/d_a) - (1/d_c)} \qquad d = 1/v_s: \text{Dichte.}$$

Die Methode beruht auf der Zweiphasennäherung, sie nimmt an, daß v_c und v_a bei einer bestimmten Temperatur konstant und unabhängig von w_c sind. v_c kann aus der Geometrie der Gitterzelle berechnet werden (man nennt daher $d_c = 1/v_c$ auch die „röntgenographische" Dichte) nach:

$$v_c = \frac{\text{Volumen der Gitterzelle}}{\text{Gewicht der Gitterzelle}} = \frac{V_0}{G_0}.$$

Die Größe V_0 errechnet man leicht aus den Abmessungen der Gitterzelle; für eine orthorhombische mit den Kanten a, b und c ist $V_0 = a \cdot b \cdot c$. Für das Gewicht G_0 erhalten wir

$$G_0 = n \cdot \frac{m_0}{N_L} \qquad \begin{array}{l} n\text{: Zahl der Grundeinheiten pro Gitterzelle,} \\ m_0\text{: Molekulargewicht der Grundeinheit.} \end{array}$$

Schwieriger ist es, Werte für v_a zu erhalten. Man kann nach Abb. 53 den Wert für die Schmelze bis zur Meßtemperatur T_1 entlang der strichlierten Linie extrapolieren, wobei man annimmt, daß α_a unabhängig von der Temperatur und unbeeinflußt durch die Gegenwart der Kristallite ist. Die spezifischen Volumina werden über die Dichten bestimmt, diese selbst erhält man in Pyknometern oder in Dichte-Gradienten-Kolonnen. Änderungen des spezifischen Volumens z. B. während der Kristallisation kann man sehr gut in Dilatometern messen.

Bei Polymeren mit gut ausgebildeten Kristalliten erhält man aus dem spezifischen Volumen Werte für den Kristallinitätsindex, die mit der röntgenographischen Methode übereinstimmen; offenbar kann hier das Zweiphasenmodell in guter Näherung angewendet werden (z. B. bei Polyäthylen). In anderen Fällen ist die Übereinstimmung schlecht; dort gilt offenbar das Zweiphasenmodell nicht (z. B. bei Polypropylen), vielmehr liegt neben der kristallinen und der amorphen noch eine parakristalline Phase vor. Besonders schlecht ist die Übereinstimmung bei niedriger Kristallinität und kleinen und imperfekten Kristalliten. Diese haben infolge Gitterstörungen meist ein höheres v_c als es der Gitterzelle und somit dem idealen Kristall entspricht (z. B. Polyvinylchlorid, Polyacrylnitril).

3.6 Kristallinitätsbestimmung mit Hilfe der IR-Spektroskopie

Bei manchen Polymeren findet man IR-Banden, die nur im kristallinen Zustand vorkommen, dagegen in der amorphen Phase fehlen. Ist die Absorption einer solchen Bande in einem bestimmten Polymeren A_c, in einer 100% kristallinen Probe dagegen A_c^∞, so ist $A_c = I \cdot A_c^\infty$. Für eine Bande, die nur in der amorphen Phase vorkommt, gilt analog $A_a = (1-I) \cdot A_a^\infty$. In die gemessene Absorption geht freilich noch die Schichtdicke d und die Konzentration c (Probenmenge) ein, nach Lambert-Beer gilt ja $A = c \cdot d \cdot a$, wobei a die Absorptivität (spez. Extinktionskoeffizient) ist. Man kann aber von diesen Größen unabhängig werden, wenn man bei einer Probe zugleich eine typisch kristalline und eine typisch amorphe Bande mißt, und das Verhältnis ihrer Absorptionen D verwendet ($D = A_c/A_a$). Dann fallen Schichtdicke und Konzentration heraus und man erhält den Kristallinitätsindex I:

$$I = \frac{D}{D + (A_c^\infty/A_a^\infty)},$$

wobei natürlich A_c^∞/A_a^∞ identisch ist mit dem Verhältnis der Absorptivitäten a_c^∞/a_a^∞. Dieses Verhältnis muß aus Messungen an völlig kristallinen und völlig amorphen Polymeren bestimmt werden.

3.7 Kristallinitätsmessung mit Hilfe der NMR-Spektroskopie

Die NMR-Absorption eines teilkristallinen Polymers zeigt eine scharfe Komponente, die von der beweglichen amorphen Phase stammt, und die überlagert ist einer breiten Komponente, die der immobilen kristallinen Phase zukommt, wie dies in Abb. 54 schematisch gezeigt ist. Ist nun A_c die Fläche der breiten, kristallinen Komponente und A_a die Fläche der schmalen amorphen, so ergibt sich der *Kristallinitätsindex* zu

$$I = \frac{A_c}{A_c + A_a}.$$

Die NMR-Methode liefert primär ein Maß für die Kettenbeweglichkeit, erst aus dieser wird auf die Kristallinität geschlossen. Sie stimmt auch

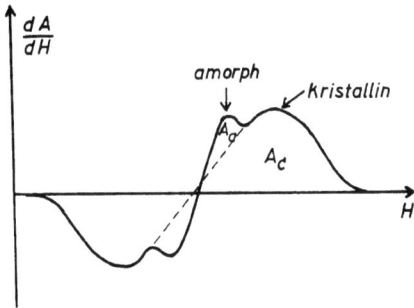

Abb. 54. NMR-Absorption eines teilkristallinen Polymeren

nicht sehr gut mit anderen Methoden zur Kristallinitätsermittlung überein.

3.8 Der Schmelzpunkt

Im Schmelzpunkt T_m koexistieren die flüssige (amorphe) und die kristalline Phase in einem Gleichgewicht, daher ist dort $\Delta G_m = 0$ und daraus ergibt sich

$$T_m = \frac{\Delta H_m}{\Delta S_m}.$$

Diese Formel gilt streng für große Kristalle ohne Verunreinigungen und für unendlich großes Molekulargewicht. ΔH_m und ΔS_m sind die molare Schmelzenthalpie und Schmelzentropie. In den realen Kristalliten der Polymeren ist die Sache freilich komplizierter. Zunächst wirken die freien Kettenenden, niedermolekulare Anteile, Lösungsmittelreste und ähnliches als „Verunreinigungen", die zu einer Schmelzpunkterniedrigung führen. Ist $T_{m,u}$ der erniedrigte Schmelzpunkt und x_u der Molenbruch dieser Verunreinigungen, so erhalten wir

$$\frac{1}{T_{m,u}} - \frac{1}{T_m} = -\frac{R}{\Delta H_m} \ln a \simeq \frac{R}{\Delta H_m} x_u,$$

wobei a die Aktivität der Substanz und x_u der Molenbruch der Verunreinigung ist ($\ln a \simeq \ln x \simeq -x_u$). Eine weitere Einflußgröße ist die Gegenwart von amorphen Anteilen sowie die endliche Kristallitgröße. Ist w_a die Gewichtsfraktion des amorphen Materials bei der Temperatur T, und beschreiben wir die Kristallitgröße durch einen Parameter k, so erhält man

$$\frac{1}{T} - \frac{1}{T_m} = \frac{R}{\Delta H_m}\left(\frac{1}{P \cdot x_a} + \frac{1}{P-k+1}\right).$$

Man sieht daraus, daß für ein Polymeres der „Schmelzpunkt" eigentlich ein Schmelzbereich ist; dieser wird um so kleiner, je größer das Molekulargewicht, je schärfer die Molekulargewichtsverteilung, je höher die Kristallinität und je größer und perfekter die Kristallite.

Die Schmelzenthalpie eines teilweise kristallinen Materials ist eine lineare Funktion dessen Gewichtsanteils, sie kann daher verwendet werden, um den Kristallinitätsindex zu errechnen. Betrachten wir die spezifischen Schmelzenthalpien für das reale Polymere Δh_m im Vergleich zum Wert für eine reine kristalline Phase Δh_m^∞, so ergibt sich

$$\Delta h_m = I \cdot \Delta h_m^\infty,$$

wobei $\Delta h_m = \Delta H_m / M$.

Im Molekulargewichtsbereich der Polymeren findet man praktisch keine Abhängigkeit des Schmelzpunktes vom Molekulargewicht. Man nimmt an, daß sowohl ΔH_m als auch ΔS_m aus einem molekulargewichtsunabhängigen Term und aus Inkrementen für jede Grundeinheit bestehen:

$$T_m = \frac{\Delta H_m}{\Delta S_m} = \frac{H_0 + P \cdot H_1}{S_0 + P \cdot S_1} \xrightarrow{P \to \infty} \frac{H_1}{S_1}.$$

Somit wird T_m unabhängig vom Molekulargewicht. Bei Oligomeren dagegen spielt oft für ΔS_m der Term S_0 noch eine Rolle; er wird hier der Beweglichkeit des gesamten Moleküls zugeschrieben, die bei kleinem P neben der Segmentbeweglichkeit S_1 noch eine Rolle spielt, während $H_0 \ll P \cdot H_1$. Dann ergibt sich

$$\frac{1}{T_m} = \frac{S_0 + P \cdot S_1}{P \cdot H_1} = \frac{S_1}{H_1} + \frac{S_1}{H_1} \cdot \frac{1}{P},$$

und somit sollte $1/T_m$ eine lineare Funktion von $1/P$ sein, was für manche Oligomere auch verifiziert wurde.

Tabelle 8 stellt einige Werte von T_m sowie H_m und S_m zusammen. Man würde erwarten, daß H_m mit der Kohäsionsenergiedichte und damit mit dem Löslichkeitsparameter des Polymeren zusammenhängt. Überraschenderweise ist dies jedoch nicht immer der Fall.

Tabelle 8. Kristallit-Schmelzpunkte von einigen Polymeren

	T_m °C
Naturkautschuk	28
Polychloropren	80
Polypropylen	176
Polyäthylen	141
Polytetrafluoräthylen	327
Polyhexamethylenadipamid	260
Polyäthylenterephthalat	267

3.9 Kristallisationskinetik

Die Kristallisation verläuft in zwei Schritten: die Bildung von Keimen (primäre Keimbildung), und deren Wachstum. Die primäre Keimbildung kann heterogen erfolgen, nämlich an Verunreinigungen, Kristallitresten, feindispergierten Fremdteilchen, oder an der Gefäßwand. Die homogene oder sporadische Keimbildung tritt spontan über temporäre „*Cluster*" ein, die als normale Fluktuationen in der Schmelze auftreten. Erreichen solche Cluster eine kritische Größe, nämlich die, bei der das ΔG größer wird als die Oberflächenarbeit, so werden sie stabil. Die kritische Größe sinkt mit sinkender Temperatur.

Die Kristallisationsgeschwindigkeit kann durch die *Avrami-Gleichung* beschrieben werden. Verwendet man als Meßgröße das spezifische Volumen v_s, so erhält man:

$$\ln \frac{v_\infty - v_t}{v_\infty - v_0} = -\frac{1}{w_c} \cdot k \cdot t^n,$$

wobei v_0, v_t und v_∞ die Meßwerte zu den Zeiten $t=0$, t und $t=\infty$ (auskristallisiert) bedeuten, w_c die Gewichtsfraktion des kristallinen Anteils im Gleichgewicht (das heißt, nach Beendigung des Kristallisationsvorganges), k eine Konstante und n ein charakteristischer Exponent ist. Er liegt zwischen 2 und 4; bei dreidimensionalem symmetrischem Wachstum soll er für heterogene Keimbildung 3 und für homogene 4 betragen. Mißt man die Kristallisation dilatometrisch, so setzt man an Stelle der v_s-Werte die jeweiligen Dilatometerhöhen h; den Exponenten n kann man erhalten, wenn man die obige Gleichung nochmals logarithmiert, also den Logarithmus des Logarithmus des linken Ausdruckes gegen $\ln t$ aufträgt.

Die *Kristallisationsgeschwindigkeit* hängt aber auch von der Temperatur ab; sie geht durch ein Maximum, wie in Abb. 55 schematisch dargestellt ist. Dies hängt damit zusammen, daß mit abnehmender Temperatur die Keimbildung sehr stark begünstigt wird, die Kristallisationsgeschwindigkeit also steigt. Zugleich steigt aber auch die Viskosität; die Beweglichkeit der Moleküle sinkt, und es wird für sie immer schwieriger, an die Wachstumsstelle zu diffundieren. Dadurch sinkt die Kristallisationsgeschwindigkeit wieder. Bei homogener Keimbildung liegt die maximale Kristallisationsgeschwindigkeit bei etwa $0{,}85\ T_m$. Wenn der

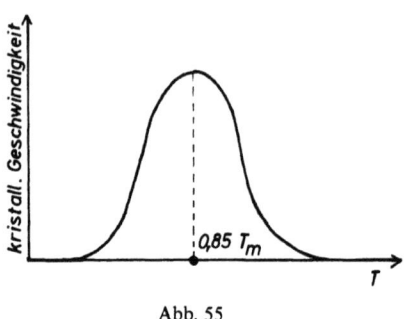

Abb. 55

Temperaturbereich, in dem rasche Kristallisation erfolgt, sehr schnell durchschritten wird (abschrecken), kann die Kristallisation so stark gebremst werden, daß man auch unterhalb von T_m die amorphe Schmelze vorliegen hat; man spricht dann vom „unterkühlten Zustand". Bei vielen Polymeren erfolgt die Kristallisation heterogen. Manche Polymere, wie z. B. Polyäthylen, kristallisieren so rasch, daß man sie nahezu nicht unterkühlen kann. Andere, wie Polyäthylenterephthalat, kristallisieren dagegen sehr langsam; hier setzt man vorteilhaft Keimbildner, wie TiO_2 oder Talk zu.

3.10 Der Glaszustand

Werden beim Abkühlen eines amorphen Polymeren starke zwischenmolekulare Kräfte ausgebildet, ohne daß es vorher zu einer geometrischen Ordnung kommt, so bleibt die amorphe Struktur erhalten, obwohl die Beweglichkeit der Moleküle sehr stark reduziert, gewissermaßen „eingefroren" ist. Insbesondere verschwindet die Segmentbeweglichkeit; dadurch werden die Polymeren hart und spröd und die Linienbreite eines NMR-Signals wird abrupt verbreitert. Man nennt Stoffe in diesem Zustand Gläser; den Temperaturintervall, in dem der Übergang erfolgt, die Glas-Umwandlung oder die *Glastemperatur* T_g. Gläser haben einen viel geringeren thermischen Ausdehnungskoeffizienten als nicht glasig erstarrte Stoffe. Trägt man das spezifische Volumen gegen die Temperatur auf, so findet man, daß bei der Glastemperatur T_g die Kurve ihre Steigung ändert; häufig ist der Ausdehnungskoeffizient $\alpha = (1/V) \cdot dV/dT$ unterhalb von T_g etwa halb so groß wie oberhalb. Neben dem spezifischen Volumen sprechen auch die spezifische Wärme und der Brechungsindex auf T_g an, es ändert sich auch hier jeweils der Temperaturkoeffizient dieser Größen. Man bezeichnet daher die Glastemperatur oft auch als einen Umwandlungspunkt 2. Ordnung. Dies ist jedoch nicht ganz richtig, denn einerseits ist T_g eigentlich ein Temperaturbereich, in dem eben die Segmentbeweglichkeit einfriert, und außerdem hängt T_g von der Meßgeschwindigkeit ab, also der Zeitskala des Experimentes. Führt man die Messung schnell durch, so wird ein höherer T_g gefunden.

In Abb. 56 sind für das spezifische Volumen und für die thermodynamischen Zustandsgröße Enthalpie H die Temperaturverläufe schematisch dargestellt, und zwar für kristalline und für amorphe Stoffe.

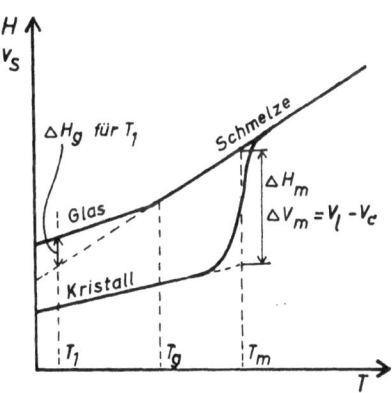

Abb. 56. Schmelzen und glasiges Erstarren

Man sieht, daß die genannten Größen im Schmelzpunkt, als einem Umwandlungspunkt 1. Ordnung, Diskontinuitäten zeigen (die Schmelzenthalpie $\Delta H_m, \Delta V_m = V_l - V_c$), während in T_g sich nur der Temperaturkoeffizient ändert, was für einen Umwandlungspunkt 2. Ordnung charakteristisch ist, wenn es sich um einen echten Phasenübergang handelt. Das ist aber bei T_g nicht der Fall; hier friert nur die Segmentbeweglichkeit (auch mikrobrownsche Bewegung genannt) in einem sehr geringen Temperaturintervall ein; dabei treten freilich drastische Änderungen in Härte und Viskosität auf, so daß man praktisch von einem Übergang sprechen kann. Jedoch handelt es sich dabei um kein thermodynamisches Gleichgewicht; das Glas ist nichts anderes als eine unterkühlte und eingefrorene Flüssigkeit. Bei einer bestimmten Temperatur liegt H für das Glas stets höher als für die Flüssigkeit (Schmelze); die Differenz ΔH bezeichnet man oft als *Einfrierwärme* bei diesen Temperaturen. Beim Schmelzpunkt T_m dagegen sind die kristalline und die flüssige (amorphe) Phase echt im Gleichgewicht. Der Schmelz-Übergang kommt dadurch zustande, daß die Beweglichkeit des gesamten Moleküls (makrobrownsche Bewegung) aufhört, während die Segmentbeweglichkeit bestehen bleibt.

Da somit bei T_g die Segmentbeweglichkeit verschwindet, stellt sie gewissermaßen für alle Stoffe einen vergleichbaren Zustand dar. So findet man bei allen Polymeren bei T_g etwa die gleiche Viskosität, nämlich 10^{13} P. Insbesondere findet man bei T_g auch einen ganz bestimmten Betrag an „freiem Volumen" f_g, nämlich etwa 0,025. Die Platzwechselfrequenz ist bei T_g ungefähr 0,3 Sprünge pro Sekunde. Unterhalb von T_g sind die Moleküle relativ dicht gepackt. Ein Maß dafür ist die „Packungsdichte" d^x, das Verhältnis des Volumens, das die Moleküle einnehmen (V_m) zum Molvolumen (d/M, wobei d: gemessene Dichte). Kristalle haben Packungsdichten von 0,5 bis 0,8; bei Gläsern findet man bei T_g Werte, die etwa zwischen 0,63 und 0,68 liegen, was ein Ausdruck für das in diesem Zustand ungefähr konstante freie Volumen f_g ist. Überdies sieht man aus diesem Vergleich, daß Gläser und Kristalle etwa gleich dicht gepackt sind, und jedenfalls viel dichter als Flüssigkeiten. Das erklärt, warum Gläser in ihren mechanischen Eigenschaften den Kristallen ähnlich sind.

Ist f_g das freie Volumen für $T < T_g$, so kann man annehmen, daß es oberhalb von T_g linear zunimmt nach

$$f = f_g + \alpha_f(T - T_g) \quad \text{mit } \alpha_f \sim \alpha_l - \alpha_g; \quad \begin{array}{l} \alpha_l: \text{ für } T > T_g, \\ \alpha_g: \text{ für } T < T_g. \end{array}$$

Da andererseits auch die Viskosität eine Funktion von f ist:

$$\ln \frac{\eta}{\eta_g} = \frac{1}{f} - \frac{1}{f_g},$$

kann man durch Einsetzen zu einer Formel für die Temperaturabhängigkeit der Viskosität gelangen, die identisch ist mit der empirisch gefundenen WLF-Gleichung (vgl. S. 80):

$$\ln \frac{\eta}{\eta_g} = -\frac{f_g(T - T_g)}{(f_g/\alpha_f) - T - T_g} = -\frac{a(T - T_g)}{b + T - T_g}.$$

Diese Gleichung besagt, daß bei $T = T_g - b = T_g - 52$ die Viskosität unendlich wird, daß also hier jegliche Bewegung eingefroren wird. Tatsächlich aber findet man auch unterhalb T_g noch gewisse Bewegungsmöglichkeiten, etwa von Seitengruppen. Die Temperaturen, bei denen diese einfrieren, nennt man sekundäre Dispersionsgebiete; man erkennt sie bei thermomechanischen Messungen (vgl. S. 163).

Die Glastemperatur ist von großer *praktischer Bedeutung*, da sich dort die mechanischen Eigenschaften drastisch ändern; aus den Änderungen in Viskosität, Schermodul, Festigkeit kann man umgekehrt T_g ermitteln (vgl. S. 163, die thermomechanischen Kurven). Für die Praxis bestimmt man oft eine Versprödungstemperatur, diese liegt in der Nähe von T_g (meist ist sie etwas höher). Weichmacher setzen T_g herab. Das Molekulargewicht beeinflußt T_g über die freien Kettenenden, diese bewirken zusätzliches freies Volumen und erniedrigen T_g um so mehr, je kleiner das Molekulargewicht M ist. Man findet eine lineare Beziehung nach

$$T_g = T_{g,\infty} - \frac{K}{M} \quad T_{g,\infty} : T_g \quad \text{für} \quad M \to \infty.$$

Häufig findet man lineare Zusammenhänge zwischen T_g und T_m; so beträgt für viele symmetrische Polymere der Quotient T_g/T_m 0,5, für manche unsymmetrische 0,7. Tabelle 9 stellt einige Werte für T_g zusammen.

Tabelle 9. Glasübergangstemperaturen für einige Polymere

	T_g(C)
Polyvinylpyrrolidon	175
Polyacrylsäure	106
Polymethylmethacrylat	105
Polystyrol	100
Polyacrylnitril	96
Polyvinylchlorid	87
Polyvinylalkohol	85
Polyäthylenterephthalat	69
Polycaprolactam (Nylon 6)	50
Polyhexamethylenadipamid (Nylon 6,6)	50
Polyvinylacetat	29
Polyvinylidenchlorid	− 17
Polychloropren	− 50
Polypropylenoxid	− 60
Polyisobutylen	− 70
Naturkautschuk	− 72
Polyisopren	− 73
Polybutadien	− 85
Polydimethylsiloxan	−123

Bei teilkristallinen Polymeren findet ein Glasübergang in den amorphen Bereichen statt. Das Gesamtverhalten wird also davon abhängen, wie groß der amorphe Anteil ist. Bei hochkristallinen Polymeren ist es oft schwer, den Glasübergang aufzufinden und zu bestimmen, während bei geringer Kristallinität der Glasübergang die beherrschende Größe ist.

3.11 Der gummielastische Zustand

Der gummielastische Zustand, wie er uns im Kautschuk entgegentritt, ist durch außerordentlich hohe, völlig reversible Dehnungen gekennzeichnet; Verstreckungen um das 5- bis 10fache (500 bis 1000%) sind hier durchaus üblich. Man spricht daher auch von einem hochelastischen Zustand, da bei der normalen Elastizität, wie sie z. B. Metalle oder Gläser zeigen, nur Verstreckungen von einigen Prozent möglich sind. Gummielastizität hat aber noch einige Eigenheiten: der Elastizitätsmodul hat die Größenordnung 10^5–10^6 dyn/cm^2 und steigt mit der Temperatur, während z.B. Gläser einen Modul von etwa 10^{11} bis 10^{12} dyn/cm^2 aufweisen, der sich mit der Temperatur kaum ändert oder sinkt. Die Gummielastizität tritt nur bei amorphen Hochpolymeren oberhalb von T_g auf; sie ist von der Art des Stoffes unabhängig; so ist Naturkautschuk ein Polyisopren, während synthetische Elaste aus so verschiedenen Polymeren wie Polybutadien oder Silikonen bestehen können. Es liegt nahe, die Gummielastizität mit der Rückstellkraft der Makromoleküle infolge ihrer Verknäuelung in Zusammenhang zu bringen. Da diese eine Folge der Entropie ist, nennt man die Gummielastizität oft auch Entropieelastizität im Gegensatz zur Energieelastizität, wie man sie bei Gläsern und Metallen findet, und die durch Beanspruchung von Bindungslängen und Bindungswinkel zustandekommt.

Wir können anschaulich die *Bedingungen* aufzählen, die erfüllt sein müssen, damit ein Polymeres gummielastisch ist. Zunächst muß das Molekulargewicht groß genug sein, damit sich statistische Knäuelmoleküle, die einander überlappen, ausbilden können. Die Temperatur muß höher sein als T_g, damit die Segmentbeweglichkeit (mikrobrownsche Bewegung) voll intakt ist. Das Polymere muß amorph sein (wenngleich vielfach beim starken Verstrecken Kristallisation eintritt), und zuletzt müssen die Makromoleküle an einigen wenigen Stellen untereinander vernetzt sein, damit ein völliges Abgleiten (Fließen) verhindert wird. Die Vernetzungen müssen soweit voneinander entfernt sein, daß die dazwischen liegenden Segmente statistische Knäuelkonformationen ausbilden können. Beim echten „Gummi" sind die Vernetzungen permanent, sie werden durch chemische Reaktionen eingeführt (Vulkanisation). Eine gewisse Vernetzungswirkung aber haben auch bereits die Verhakungen, wie sie für das Verhängungsnetzwerk typisch sind. Aus diesem Grund zeigt jedes Polymere, dessen Molekulargewicht größer als $2M_c$ ist, so daß sich ein Verhängungsnetzwerk ausbilden kann, in einem bestimmten Temperaturbereich gummielastische Eigenschaften; freilich kann ein solcher Elast die Spannung auf die Dauer nicht halten, da die Verhängungen mit der Zeit nachgeben (relaxieren). Aber wir erkennen, daß der gummielastische Zustand grundsätzlich bei allen Polymeren möglich ist.

Wird ein Gummi gestreckt, so erhöht sich seine freie Enthalpie:

$$\Delta G = \Delta H - T \Delta S.$$

Beim „idealen Gummi" erfolgt die Streckung nur durch Konformationsänderungen, so daß keine Energiebeiträge auftreten und $\Delta H = 0$ wird. Somit ist $\Delta G = -T \Delta S$, und da der Entropie-Term einer Wärme entspricht, finden wir $-T \Delta S = -\Delta Q$. Beim Verstrecken eines Gummis wird also eine Wärmemenge $-\Delta Q$ frei, die bei adiabatischer Führung des Versuchs den Gummi erwärmen muß*.

Die Annahme, daß die Gummielastizität mit der entropischen Rückstellkraft der verknäuelten Makromoleküle zusammenhängt, hat zur statistisch-kinetischen Theorie geführt, die wir nun darlegen wollen. Man geht zunächst wieder vom 1. Hauptsatz aus. Die rücktreibende Kraft f ergibt sich bei Verstreckung (T und p konstant):

$$f = \left(\frac{\partial G}{\partial l}\right)_{T,p} = \left(\frac{\partial H}{\partial l}\right)_{T,p} - T \left(\frac{\partial S}{\partial l}\right)_{T,p}.$$

Da voraussetzungsgemäß der Energieterm verschwinden soll, also $(\partial H/\partial l)_{T,p} = 0$, erhalten wir:

$$f = -T \left(\frac{\partial S}{\partial l}\right)_{T,p}.$$

Nun verfahren wir ganz gleich wie bei der Berechnung der Rückstellkraft für das Einzelmolekül. Wir führen $S = k \cdot \ln W$ ein und setzen

$$W(x,y,z) = \frac{1}{b\sqrt{\pi}} e^{-\frac{h^2}{b^2}}.$$

Somit

$$S = k \ln \frac{1}{b\sqrt{\pi}} - \frac{k h^2}{b^2}.$$

---

* Die auftretende Wärmemenge führt bei adiabatischer Versuchsführung zu einer Erwärmung beim Dehnen (Q wird frei) bzw. zu einer Abkühlung beim Entspannen (Q wird verbraucht). Man kann diese Wärmeeffekte leicht an einem gewöhnlichen Gummiband mit den Lippen nachprüfen.

Daraus erhalten wir:

$$\frac{dS}{dh} = -\frac{2kh}{b^2} = -\frac{3kh}{\overline{h^2}} \quad \text{mit } b^2 = \frac{2}{3}\overline{h^2}.$$

Somit ergibt sich die Rückstellkraft pro Kette:

$$f = T \cdot \frac{3kT}{\overline{h^2}} \cdot h.$$

Bei Dehnung in nur eine Richtung haben wir wegen $x^2 = y^2 = z^2 = \dfrac{h^2}{3}$

$$f_x = \frac{kT}{\overline{x^2}} x.$$

Bisher haben wir angenommen, daß im Gleichgewichtszustand tatsächlich der „ungestörte" Abstand h_0 vorliegt; dies steckt in der Aussage

$$b^2 = \tfrac{2}{3}\overline{h^2} \equiv \tfrac{2}{3}\overline{h_0^2}.$$

Im Netzwerk des Elasten wird dies aber nicht immer der Fall sein; Kräfte der Umgebung (nahwirkende Kräfte) und Verspannungen durch die Netzwerkbildung bewirken, daß nicht das $\overline{h_0^2}$ des isolierten Moleküls, sondern ein größerer Wert $\overline{h^2}$ auftritt. Dann muß man ansetzen

$$\frac{b^2}{\overline{h^2}} = \frac{2}{3}\left(\frac{\overline{h^2}}{\overline{h_0^2}}\right).$$

Der Quotient $\overline{h^2}/\overline{h_0^2}$ wird oft ϕ geschrieben und „Frontfaktor" genannt, er beschreibt die Energieeffekte, die bei Konformationsänderungen stattfinden. Damit kann man die rücktreibende Kraft pro Molekülkette in einer Richtung schreiben:

$$f_x = \phi \cdot \frac{kT}{x_0^2} x \quad \text{(wobei } \overline{x^2} = x_0^2\text{)}.$$

Für den idealen Gummi ist $\overline{h^2} = \overline{h_0^2}$ und daher $\phi = 1$. Bei realen Elasten kann ϕ bis zu 1,2 werden; das heißt, daß bis zu 20% der Elastizität auf Energiebeiträge zurückzuführen ist.

Nun gilt es, die rücktreibende Kraft für einen makroskopischen Elasten zu berechnen. Dazu betrachten wir einen Würfel mit den Kanten

x_0, y_0 und z_0, wobei $x_0 = y_0 = z_0 = l_0$ sein sollen. Die Zahl der Molekülketten in diesem Würfel sei $v l_0^3$ (somit ist v die Zahl der Ketten pro cm³). Dieser Würfel soll nun durch eine z-Richtung angreifende Kraft F in der z-Richtung gestreckt werden (Abb. 57). Nach der Streckung entsteht

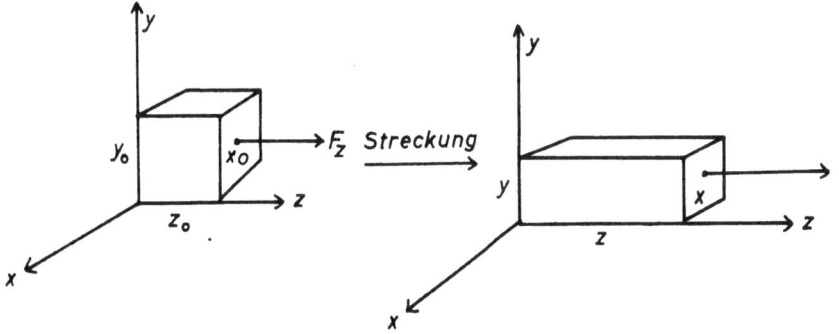

Abb. 57. Die Verstreckung eines Gummi-Volumselementes

ein Quader mit den Kanten x, y und z. Die Streckung soll „affin" erfolgen, das heißt, die Kante z wird um den Bruchteil γ verlängert, und die Kanten x und y um je den Bruchteil α verkürzt. Wir haben somit:

$$z = z_0 \cdot \gamma,$$
$$y = y_0 \cdot \alpha,$$
$$x = x_0 \cdot \alpha.$$

Unter der Annahme, daß beim Strecken keine Kompression erfolgt (Volumen V = const), ergibt sich

$$x_0 y_0 z_0 = xyz = x_0 \alpha y_0 \alpha z_0 \gamma = x_0 y_0 \alpha^2 z_0 \gamma$$

und daraus $\gamma = 1/\alpha^2$. Freilich wissen wir, daß diese Annahme nicht genau gilt, beim Strecken findet nämlich in der Tat eine Volumsänderung (Vergrößerung) statt, doch ist diese sehr gering, und wir wollen sie daher hier vernachlässigen.

Nun müssen wir eine Kräftebilanz aufstellen. Auf die Fläche xy wirkt die streckende Kraft F_z; ferner wirkt auf alle Flächen von außen der hydrostatische Druck p. Nach innen wirkt auf alle Flächen die rücktreibende Kraft der Molekülketten. Diese ist z. B. in der z-Richtung für eine Kette (nach Streckung)

$$f_z = \phi \frac{kT}{z_0^2} z = \phi \frac{kT}{z_0^2} z_0 \cdot \gamma = \phi \frac{kT}{z_0} \gamma.$$

Da aber vl_0 Ketten vorhanden sind, ist die Kraft auf die Fläche xy

$$F_z = \phi \frac{l_0^3 v k T}{z_0} \cdot \gamma.$$

Nun stellen wir die Flächenkräfte zusammen. Es wirken (nach Streckung):

Fläche xy: nach außen: $F_z + pxy = F_z + px_0 y_0 \alpha^2$,

nach innen: $\phi \dfrac{v l_0^3 k T}{z_0} \gamma.$

Beide müssen gleich sein, also (mit $\alpha^2 = 1/\gamma$)

$$F_z + p x_0 y_0 \frac{1}{\gamma} = \phi \frac{v l_0^3 k T}{z_0} \gamma.$$

Fläche xz: nach außen: $p x_0 \alpha z_0 \gamma = p x_0 z_0 \sqrt{\gamma}$,

nach innen: $\phi \dfrac{l_0^3 v k T}{y_0} \alpha = \phi \dfrac{l_0^3 v k T}{y_0 \sqrt{\gamma}},$

Gleichsetzung: $p x_0 z_0 \sqrt{\gamma} = \phi \dfrac{l_0^3 v k T}{y_0 \sqrt{\gamma}}.$

Die gewonnenen Beziehungen benützen wir nun, um die Kraft F_z zu berechnen, wobei wir setzen $x_0 = y_0 = z_0 = l_0$. Wir erhalten:

$$F_z = \phi \frac{l_0^3 v k T}{l_0} \gamma - p l_0^2 \frac{1}{\gamma},$$

$$p l_0^2 = \phi \frac{l_0^3 v k T}{l_0 \gamma},$$

$$F_z = \phi \frac{l_0^3 v k T}{l_0} \gamma - \phi \frac{l_0^3 v k T}{l_0 \gamma^2} = \phi l_0^2 v k T \left(\gamma - \frac{1}{\gamma^2}\right),$$

oder

$$\frac{F_z}{l_0^2} = \phi v k T \left(\gamma - \frac{1}{\gamma^2}\right).$$

Nach der Elastizitätslehre nennen wir Kräfte pro Flächeneinheiten Spannungen; F_z/l_0^2 stellt also eine Zugspannung dar, die wir σ schreiben wollen. Wir erhalten als Endformel:

$$\sigma = \phi v k T \left(\gamma - \frac{1}{\gamma^2}\right).$$

Diese Formel beschreibt das Dehnungsverhalten von Gummi sehr gut, wie aus Abb. 58 zu sehen ist, die ein σ vs. γ Diagramm für Naturkautschuk zeigt. Die Abweichungen, die bei hohen Dehnungen ($\gamma > 3$)

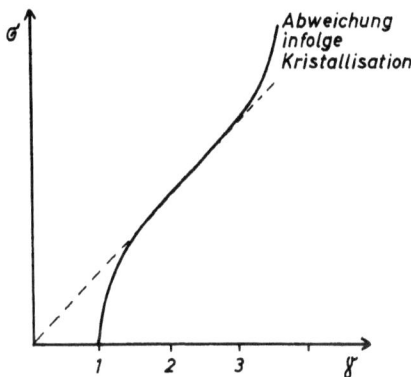

Abb. 58. Die Spannungs-Dehnungskurve von Naturkautschuk

auftreten, kommen dadurch zustande, daß dort der Kautschuk kristallisiert; dadurch wird er „härter", und man braucht größere Kräfte zur Streckung als es die Formel veraussagt.

Die klassische Elastizitätstheorie beschreibt die elastische Dehnung mit Hilfe des Elastizitätsmoduls E, der nach dem Hookeschen Gesetz gegeben ist als:

$$E = \frac{\sigma}{\varepsilon} \quad \varepsilon: \text{Dehnungsdeformation} = \frac{l-l_0}{l_0}.$$

Wir können auch aus den abgeleiteten Beziehungen einen Elastizitätsmodul errechnen. Die Dehnungsdeformation ε hängt mit γ zusammen nach

$$\varepsilon = \frac{l-l_0}{l_0} = \frac{l}{l_0} - 1 = \gamma - 1.$$

Somit ist $\gamma = 1 + \varepsilon$ und für γ^{-2} schreiben wir:

$$\gamma^{-2} = 1 - 2\varepsilon + \cdots.$$

Damit wird

$$\gamma - \frac{1}{\gamma^2} = 1 + \varepsilon - 1 + 2\varepsilon = 3\varepsilon,$$

und

$$E = \frac{\sigma}{\varepsilon} = \phi \cdot 3\nu kT.$$

Der hier errechnete Modul E heißt Elastizitätsmodul oder auch Youngscher Modul, er beschreibt den Streckvorgang. Bei Polymeren sind auch Schervorgänge häufig, ihnen kann ein Schermodul G zugeordnet werden, der nach der Elastizitätstheorie mit E zusammenhängt nach $E = 3G$. Somit erhalten wir sofort für G

$$G = \phi \cdot \nu kT.$$

Zuletzt können wir noch die Zahl der Kettensegmente pro cm³ durch meßbare Größen ausdrücken, nämlich durch die Dichte d sowie durch das „Netzbogengewicht" M_e, das Molekulargewicht der Kettenstücke zwischen zwei Verhängungspunkten. Es gilt

$$\nu = \frac{d \cdot N_L}{M_e} \qquad N_L: \text{Loschmidtsche Zahl}.$$

Diese Formel gilt übrigens auch für Lösungen; dort muß an Stelle der Dichte d die Konzentration c (g/ml) gesetzt werden. Setzen wir nun für ν ein, so erhalten wir zuletzt folgenden Ausdruck für den Schermodul:

$$G = \phi \cdot \frac{d}{M_e} \cdot RT,$$

oder, bei Vernachlässigung von Energieeffekten ($\phi = 1$):

$$G = \frac{d}{M_e} \cdot RT,$$

Wir sehen, daß G der absoluten Temperatur T direkt proportional ist; der Gummi muß mit steigendem T härter werden, wie es ja auch tatsächlich der Erfahrung entspricht. Im wirklichen (realen) Gummi muß man überdies noch die freien Kettenenden bedenken; diese tragen zur

Elastizität nicht bei und schwächen daher den Elast. Nach Flory kann die Wirkung der Kettenenden durch einen Korrekturfaktor berücksichtigt werden, man erhält damit für G die Formel:

$$G = \phi v k T \left(1 - \frac{2M_e}{M_n}\right),$$

wobei M_n das mittlere Molekulargewicht (Zahlenmittel) des Polymeren ist. Man sieht aus dieser Beziehung, daß Elastizität nur für $M_n > 2M_e$ möglich ist; für $M_n = 2M_e$ wird $G = 0$, und für $M < 2M_e$ erhält man unsinnige negative Werte für G. Mißt man G als Funktion von M_n, so kann man daraus den Wert $2M_e$ ermitteln.

3.12 Thermodynamische Betrachtung der Gummielastizität

Wir gehen vom 1. Hauptsatz aus in der Form:

$$dU = dQ + dA.$$

Die Wärme dQ kann nach dem zweiten Hauptsatz ausgedrückt werden als $dQ = T \cdot dS$, und für die Arbeit müssen wir die Summe aus der Volumsarbeit $-pdV$ und der beim Verstrecken geleisteten Arbeit $f \cdot dl$ setzen (f: rücktreibende Kraft). Somit wird:

$$dU = TdS - pdV + fdl.$$

Führen wir die Enthalpie $dH = dU + pdV$ ein, so erhalten wir

$$dH = TdS + fdl.$$

Daraus errechnen wir sofort die rücktreibende Kraft f:

$$f = \left(\frac{\partial H}{\partial l}\right)_{T,p} - T\left(\frac{\partial S}{\partial l}\right)_{T,p}.$$

Zum gleichen Resultat kommt man auch, wenn man $f = (dG/dl)_{T,p}$ schreibt und einsetzt $dG = dH - TdS$.

Mißt man die rücktreibende Kraft als Funktion der Temperatur, so findet man, daß die erhaltenen Geraden bei sehr kleinen Verstreckungen negative, bei großer Verstreckung positive Steigung haben. Um die Ursache für diese „*thermoelastische Inversion*" zu ergründen, müssen wir $(df/dl)_{p,l}$ berechnen. Dazu gehen wir vom Ausdruck für die freie Enthalpie dG aus:

$$dG = SdT + Vdp + fdl.$$

Wenden wir darauf die Eulersche Gleichung an, so erhalten wir einen Zusammenhang, der eine Maxwellsche Gleichung darstellt, nämlich:

$$\left(\frac{\partial S}{dl}\right)_{p,T} = -\left(\frac{\partial f}{\partial T}\right)_{p,l}.$$

Damit erhalten wir:

$$f = \left(\frac{\partial H}{\partial l}\right)_{T,p} - T\left(\frac{\partial f}{\partial T}\right)_{p,l},$$

und durch Umformung:

$$\left(\frac{\partial f}{\partial T}\right)_{p,l} = \frac{f - \left(\frac{\partial H}{\partial l}\right)_{T,p}}{T}.$$

Die Steigung $(df/dl)_{p,l}$ kann offensichtlich folgende Werte annehmen:

negativ, wenn $f < (\partial H/dl)_{T,p}$,
null, wenn $f = (\partial H/dl)_{T,p}$,
positiv, wenn $f > (\partial H/\partial l)_{T,p}$.

Für den idealen (rein entropieelastischen) Gummi ist $(\partial H/\partial l)_{T,p} = 0$, und somit

$$\left(\frac{\partial f}{\partial T}\right)_{p,l} = \frac{f}{T},$$

man erhält also immer eine positive Steigung. Überdies ist bei großer Verstreckung stets $f > (\partial H/\partial l)_{T,p}$, also die Steigung positiv, da man $(\partial H/\partial l)_{T,p}$ neben f vernachlässigen kann. In diesem Fall wird die rücktreibende Kraft ebenso wie beim idealen Gummi:

$$f = T\left(\frac{\partial f}{\partial T}\right)_{p,l} = -T\left(\frac{\partial S}{\partial l}\right)_{T,p}.$$

Bei kleinen Verstreckungen kann allerdings $(\partial H/\partial l)_{T,p}$ neben f nicht mehr vernachlässigt werden, und die Steigung wird Null oder sogar negativ.

Übrigens kann nochmals eine Inversion vorkommen. Bei sehr hoher Verstreckung kann Kristallisation eintreten, dann treten wieder starke Energieeffekte auf, der Ausdruck $(\partial H/d l)_{T,p}$ wird wieder groß, und die Steigung kann sich wieder umkehren.

Wir sehen also, daß die rücktreibende Kraft in einer Energiekraft und eine Entropiekraft aufgeteilt werden kann:

$$f = f_H + f_S = \left(\frac{\partial H}{\partial l}\right)_{T,p} - T\left(\frac{\partial S}{\partial l}\right)_{T,p}.$$

Um mehr über die Energiekraft f_H zu erfahren, müssen wir den Ausdruck $(\partial H/\partial l)_{T,p}$ genauer untersuchen. Dazu gehen wir wieder aus von der Gleichung:

$$dH = dU + p\,dV.$$

Wir differenzieren nach l und erhalten:

$$\left(\frac{\partial H}{\partial l}\right)_{T,p} = \left(\frac{\partial U}{\partial l}\right)_{T,p} + p\left(\frac{\partial V}{\partial l}\right)_{T,p}.$$

Weiter betrachten wir nun die innere Energie als Funktion von V und l, also $U = f(V, l)$. Für das Differential dU müssen wir dann schreiben:

$$dU = \left(\frac{\partial U}{\partial V}\right)_{l,T} dV + \left(\frac{\partial U}{\partial l}\right)_{V,T} dl.$$

Wir differenzieren nach l:

$$\left(\frac{\partial U}{\partial l}\right)_{T,p} = \left(\frac{\partial U}{\partial V}\right)_{l,T} \cdot \left(\frac{\partial V}{\partial l}\right)_{T,p} + \left(\frac{\partial V}{\partial l}\right)_{V,T}.$$

Einsetzen ergibt:

$$\left(\frac{\partial H}{\partial l}\right)_{T,p} = \left(\frac{\partial U}{\partial V}\right)_{l,T} \cdot \left(\frac{\partial V}{\partial l}\right)_{T,p} + \left(\frac{\partial U}{\partial l}\right)_{V,T} + p\left(\frac{\partial V}{\partial l}\right)_{T,p}$$

$$= \left(\frac{\partial U}{\partial l}\right)_{V,T} + \left[\left(\frac{bU}{\partial V}\right)_{l,T} + p\right]\left(\frac{\partial V}{\partial l}\right)_{T,p}.$$

Wir sehen somit, daß der Enthalpiebeitrag aus zwei Termen besteht: aus einem, der unabhängig von Volumsänderungen beim Strecken ist — nämlich $(\partial U/\partial l)_{V,T}$ — und den wir daher intramolekularen Energieeffekten zuordnen müssen (der „Frontfaktor" in der statistischen Betrachtung). Ferner haben wir noch einen zweiten Term, der dann eine Rolle spielt, wenn $(\partial V/\partial l)_{T,p}$ von Null verschieden ist, wenn also beim Verstrecken Volumsänderungen auftreten. Wir können somit feststellen, daß der Enthalpiebeitrag zur rücktreibenden Kraft

$$f_H = \left(\frac{\partial H}{\partial l}\right)_{T,p}$$

aus drei Beiträgen zusammengesetzt ist, nämlich:

$\left(\dfrac{\partial U}{\partial l}\right)_{T,V}$ Änderung der intramolekularen Energieeffekte bei der Verstreckung,

$\left(\dfrac{\partial U}{\partial V}\right)_{l,T} \cdot \left(\dfrac{\partial V}{\partial l}\right)_{T,p} = \left(\dfrac{\partial U}{\partial l}\right)_{T,p}$ Änderung der inneren Energie U als Folge der bei der Verstreckung auftretenden Volumsänderungen,

$p\left(\dfrac{\partial V}{\partial l}\right)_{T,p}$ Änderung der Volumsarbeit bei der Verstreckung.

Somit kann die thermodynamische Betrachtung die rücktreibende Kraft phänomenologisch in verschiedene Einzelbeiträge zerlegen. Die experimentelle Erfassung dieser einzelnen Beiträge ist freilich mit großen Schwierigkeiten verbunden, und es liegen kaum Messungen vor.

3.13 Phasenübergänge und mesomorphe Zustände (Mesophasen)

Wir haben bisher bei Polymeren die Phasenzustände flüssig, kristallin, glasartig und gummielastisch kennengelernt. Grundsätzlich sind noch weitere Phasen möglich. Die Abb. 59 zeigt schematisch die möglichen Phasen für einen Kristall, für ein amorphes Polymeres und für ein teilweise kristallines Polymeres. Wir sehen beim Kristall zunächst bei hohen Temperaturen den flüssigen Zustand. Beim Abkühlen kann nun bereits vor der Kristallisation eine gewisse Ordnung eintreten, die aber noch mit großer flüssigkeitsartiger Beweglichkeit verknüpft ist. Man nennt

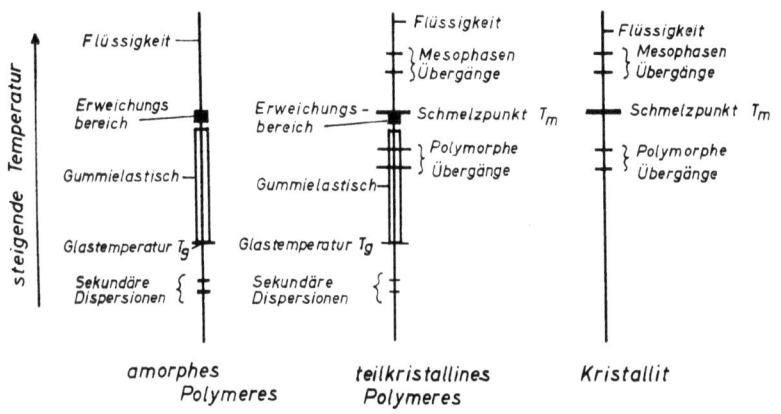

Abb. 59. Phasenübergänge bei Polymeren

solche Zwischengebiete „mesomorphe Phasen" oder „*Mesophasen*"; ein Beispiel dafür sind die flüssigen Kristalle. Jedenfalls sind mehrere ihnen entsprechende Übergänge (1. Ordnung) möglich. Hierauf folgt dann der Schmelzpunkt T_m, bei dem Kristallisation erfolgt unter Freiwerden der Schmelzwärme (Kristallisationswärme), ebenfalls ein Übergang 1. Ordnung. Beim weiteren Abkühlen können die Kristalle nun noch polymorphe Übergänge (1. Ordnung) erleiden, durch die das Kristallgitter umgebaut wird. Beim amorphen Polymeren nimmt beim Abkühlen zunächst die Viskosität der zunächst leichtflüssigen Schmelze immer mehr zu. Schließlich wird sie makroskopisch festkörperartig. Dieser Übergang von der Flüssigkeit zum weichen Festkörper geht meist in einem Temperaturbereich von etwa 10 °C vor sich, den man als *Erweichungsbereich* bezeichnet. Die Substanz bleibt aber beweglich; sind die Moleküle lang genug, so treten auch gummielastische Eigenschaften auf (freilich relaxiert die Elastizität rasch, wenn Quervernetzungen fehlen). Schließlich wird die Glastemperatur T_g erreicht, bei der die Segmentbeweglichkeit aufhört und die Substanz hart und spröde wird. Unterhalb von T_g können noch Übergänge auftreten, die „sekundären Dispersionsbereichen" entsprechen (vgl. S. 164). Bei einem teilweise kristallinen Polymeren treten nun diese Zustände nebeneinander auf, und das makroskopische Verhalten wird sich aus beiden Komponenten zusammensetzen. Bei hohen Temperaturen haben wir es wieder mit einer Flüssigkeit zu tun. Beim Abkühlen werden zunächst wieder die Mesophasen durchlaufen. Dann erreichen wir den Schmelzpunkt der Kristallite T_m, und der kristalline Anteil erstarrt nun in einem meist recht engen Temperaturbereich (einige °C). Liegt ein nennenswerter amorpher Anteil vor und sind die Kristallite uneinheitlich in ihrer Größe, so kann dadurch der Schmelzpunkt zu einem Schmelzbereich auseinandergezogen werden, der über etliche °C reicht. Da aber die amorphen Bereiche noch sehr beweglich sind (weit oberhalb T_g) ist der Stoff im Ganzen noch weich und biegsam, man spricht auch vom plastischen oder hornartigen Zustand. Er kann aber nicht mehr fließen, da die Kristallite wie Vernetzungsstellen wirken und das völlige Abgleiten der Molekülketten aneinander verhindern. Sind die amorphen Bereiche groß genug, kann hier auch Gummielastizität auftreten, die Kristallite wirken dann als Verhängungen; Voraussetzung ist natürlich, daß die Kristallinität nur gering ist, also nur wenige Verhängungsstellen vorhanden sind. Beim weiteren Abkühlen sind sodann in den Kristalliten polymorphe Umwandlungen möglich, während die amorphen Anteile immer zähflüssiger werden. Schließlich wird die Glastemperatur T_g der amorphen Anteile erreicht: nun werden auch diese eingefroren, und das Material geht insgesamt in einen harten und spröden Körper über.

Die Mesophasen stellen ein Mittelding zwischen Flüssigkeiten und festen Körpern dar. Sie können nicht nur in Schmelzen, sondern auch in Lösungen vorkommen. Gerade in der letzten Zeit haben neuere Untersuchungen gezeigt, daß solchen Mesophasen gerade bei Polymeren eine große Bedeutung zukommt; insbesondere auch bei Biopolymeren. Offenbar sind Mesophasen ein in belebten Systemen häufig realisierter Zustand. Es gibt verschiedene Mesophasen; manchmal bezeichnet man solche, die die Ordnung der Festkörper (Fernordnung) mit der Beweglichkeit von Flüssigkeiten verbinden, als flüssige Kristalle, während man bei Kristallen, die noch Festkörperhabitus, aber bedeutend gesteigerte Mobilität ihrer Gitter-Atome aufweisen, von plastischen Kristallen spricht.

Bei den *flüssigen Kristallen* unterscheidet man drei Strukturtypen von verschiedener molekularer Ordnung (Abb. 60). Die smektische Struktur (smektisch = seifenartig) ist dadurch gekennzeichnet, daß längliche Moleküle in bestimmten Ebenen mit den Längsachsen parallel und senkrecht zur Schichtebene aufgereiht sind und so Schichten bilden; diese können aneinander abgleiten. Bei der nematischen Struktur (nematos = Faden) liegen die Moleküle (zumindest innerhalb gewisser Bereiche) ebenfalls parallel, aber nicht mehr in Schichten. Bei der cholesterischen Struktur liegen die Moleküle wieder in Schichten, wobei die Längsachsen parallel sind und in der Schichtebene liegen. In aufeinanderfolgenden Schichten ist jedoch die Richtung der Längsachsen jeweils gegen die vorhergehende verdreht, so daß insgesamt die Richtungen der Längsachsen eine Helix bilden. Dadurch werden cholesterische Lösungen senkrecht zu den Schichten optisch aktiv.

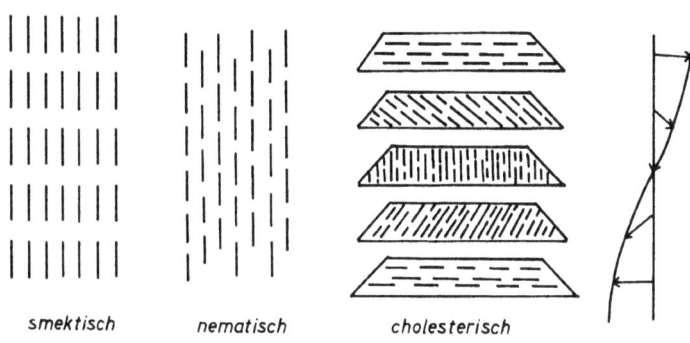

Abb. 60. Mesomorphe Phasen (Mesophasen)

Nematische Flüssigkeiten haben Viskositäten wie gewöhnliche Flüssigkeiten, während smektische und cholesterische Systeme sich durch hohe Viskositäten auszeichnen. Nematische Flüssigkeiten zeigen überdies sehr deutliche Strukturviskosität infolge Orientierung der Längsachsen in der Strömungsrichtung. Elektrische oder magnetische Felder können ebenfalls zu einer Orientierung der Moleküle in Mesophasen-Strukturen führen, wobei auch optische Effekte (Änderung der Lichtstreuung, der Reflexion, der Durchlässigkeit) auftreten.

Eine Reihe von Polymeren bildet flüssige Kristalle, insbesondere Copolymere, die z. B. hydrophile und organophile Blöcke enthalten (z. B. Polystyrol-Polyoxyäthylen). In Biopolymeren scheinen mesomorphe Phasen funktionelle Rollen zu spielen; offenbar sind sie in der Lage, auf kleinem Raum eine separierte „Umgebung" z. B. für eine bestimmte Enzymreaktion zu bilden und diesen Reaktionsort gegen die allgemeine Umgebung abzuschirmen; so können etwa in den wäßrigen Phasen im Zellinneren geeignete mesomorphe Strukturen abgeschirmte Mikroräume von hydrophobem Charakter ausbilden. Offenbar spielen hier amphibile Stoffe (das heißt solche, die zugleich hydrophile und hydrophobe Gruppen enthalten) eine besondere Rolle, wie z. B. die Phospholipide. In größtem Maße wird das Prinzip der Mesophasen bei den biologischen Membranen realisiert.

3.14 Thermoanalyse

Eine direkte Bestimmung der bei Umwandlungspunkten auftretenden Wärmeeffekte ist durch Thermoanalyse möglich. Früher mußte man dazu in Kalorimetern z. B. spezifische Wärmen als Funktion der Temperatur messen. Heute gibt es moderne Methoden, die automatisch Informationen der gewünschten Art liefern. Besonders wichtig sind die Differenzthermoanalyse (DTA) und die Differentialkalorimetrie (differential scanning calorimetry, DSC) geworden.

Die *Differenzthermoanalyse* arbeitet adiabatisch ($\Delta Q = 0$), bei Umwandlungen auftretende Wärmemengen werden also die Probe erwärmen oder abkühlen. Die Meßprobe und eine Referenzsubstanz, die im zu untersuchenden Temperaturbereich keine Übergänge aufweist und die etwa dieselbe Wärmekapazität besitzt wie die Meßprobe, werden zusammen erwärmt, wobei die Erwärmungsgeschwindigkeit zwischen 0,1 und 1000 °C/min liegt, meist bei etwa 1–2 °C/min. Mit genauen Temperaturfühlern mißt man den Temperaturunterschied zwischen Probe und Referenzsubstanz; diese Differenz ΔT wird gegen die Temperatur (bzw. Zeit, da ja infolge der konstanten Erwärmungsgeschwindigkeit die Temperatur der Zeit proportional ist) aufgetragen (in der Praxis automatisch geschrieben). Bei Umwandlungspunkten 1. Ordnung, bei denen Umwandlungsenthalpien auftreten, findet man eine Temperaturdifferenz, die eine Umwandlung anzeigt und die bestehen bleibt, bis die Umwandlung abgeschlossen ist. Umwandlungspunkte 2. Ordnung bzw. Einfriertemperaturen, wie die Glastemperatur, äußern sich in einer Höhenverschiebung der „Basislinie" (d. h. Änderung der spezifischen Wärme). Ein instruktives Beispiel ist in Abb. 61 dargestellt. In der DTA-Kurve zeigen sich endotherme Übergänge durch zackenförmige Auslenkungen (die „peaks") oberhalb, exotherme durch solche unterhalb der Basislinie. Man sieht an Abb. 61, daß die Basislinie zunächst bei Null beginnt und waagrecht verläuft. Eine Änderung der Lage der Basislinie zeigt die Glastemperatur T_g an. Da nun die Segmentbeweglichkeit hergestellt ist,

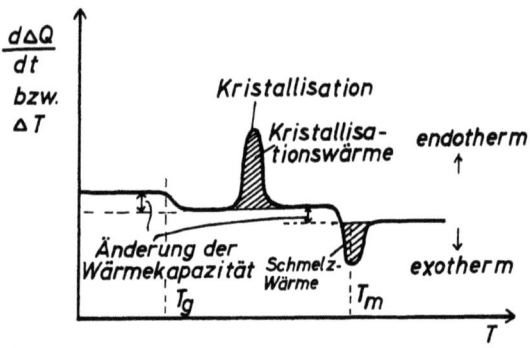

Abb. 61. DSC- bzw. DTA-Thermogramm (Differentialkalorimetrie und Differentialthermoanalyse

können die Makromoleküle kristallisieren, und man findet bald die endotherme Zacke (peak), die die Kristallisation anzeigt. Steigt die Temperatur weiter, so schmelzen die Kristalle, angezeigt durch eine nach unten gerichtete, exotherme Zacke, sie gibt den Schmelzpunkt T_m an. Man kann so im Thermogramm die Umwandlungspunkte sehr einfach ablesen; moderne Geräte schreiben ein solches Thermogramm automatisch in etwa 30 Minuten.

Etwas anders funktioniert die *DSC-Methode*. Wiederum werden zwei Proben gemeinsam erhitzt, doch nun wird mit Hilfe einer Heizungsregelung erreicht, daß beide stets dieselbe Temperatur haben, es tritt also kein ΔT auf (isotherme Versuchsführung). Zu diesem Zweck muß der Meßprobe bei den Umwandlungspunkten jeweils mehr oder weniger Wärme zugeführt werden als der Referenzprobe; die Meßgröße ist hier also die Differenz der sekundlich zugeführten Wärme, das $\Delta \dot{Q} = d\Delta Q/dt$.

Auch bei dieser Methode äußert sich T_g in einer Verschiebung der Basislinie, die endotherme Kristallisation als Zacke nach oben, und der exotherme Schmelzpunkt als Zacke nach unten. Neben der Lage der Umwandlungspunkte kann man auch noch die Umwandlungswärmen ermitteln. Das Integral (die Fläche) der Zacken gibt nämlich direkt die Umwandlungswärmen; mit der DSC-Methode können sie mit einer Genauigkeit von etwa 2% ermittelt werden. Häufig findet man auch bei T_g nach unten gerichtete (exotherme) Zacken; dies ist ein Ausdruck einer „Einfrierwärme" (vgl. S. 146), die in T_g frei wird. Die Zeitabhängigkeit von T_g äußert sich hier darin, daß eine Abhängigkeit von der Aufheizungsgeschwindigkeit besteht.

3.15 Die thermomechanischen Kurven

Wir haben gesehen, daß ein Polymeres eine ganze Reihe von Zuständen — gewissermaßen Aggregatzuständen — durchläuft, wenn die Temperatur erhöht wird. Auf der einen Seite steht als Grenzzustand der elastische Festkörper (Glas), auf der anderen die viskose Flüssigkeit (Schmelze) — der Gaszustand, der sich bei den niedermolekularen Stoffen nach Durchlaufen des Siedepunktes anschließt, kommt bei Polymeren nicht vor, da vorher Zersetzung eintritt. Für ein amorphes Polymeres bezeichnen wir den Übergang zum „flüssigen" Zustand als Fließtemperatur T_f. Wir wissen, daß dies kein Umwandlungspunkt ist; infolge der exponentiellen Abhängigkeit der Viskosität von der Temperatur erfolgt der makroskopische Übergang fest–flüssig jedoch in einem relativ schmalen Temperaturbereich (5–10 °C), den man als *Fließbereich* (Erweichungsbereich) bezeichnet. Man kann ihm eine *Fließtemperatur* T_f zuschreiben, die man willkürlich als etwa in der Mitte des Erweichungsbereiches liegend annimmt. Die Zustände zwischen Glas und Flüssigkeit weisen elastische und viskose Eigenschaften zugleich auf; man spricht daher von elastoviskosen Festkörpern bzw. von viskoelastischen Flüssigkeiten.

Sehr deutlich geben sich die verschiedenen Zustände eines Polymeren zu erkennen, wenn man bestimmte mechanische Eigenschaften, wie etwa den Elastizitätsmodul E oder den Schubmodul G gegen die Temperatur aufträgt. Man kann diese Moduln aus Deformationsversuchen (Zug, Kriechversuch) oder aus dynamischen Versuchen (Torsionspendel) erhalten. Trägt man dann z. B. G als Funktion von T auf, so erhält man die thermomechanischen Kurven, die eine sehr eingehende Beschreibung der Eigenschaften des Polymeren vermitteln. In der Abb. 62 ist eine typische thermomechanische Kurve eines amorphen Polymeren

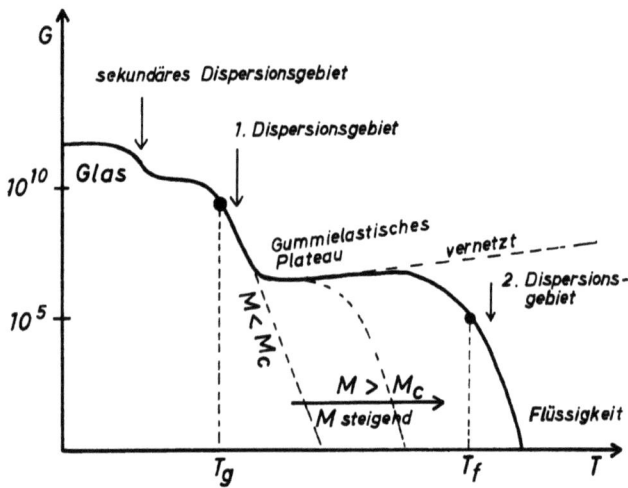

Abb. 62. Thermomechanische Kurve eines amorphen Polymeren

dargestellt. Sie beginnt bei sehr niedrigen Temperaturen mit dem Glaszustand; man findet dort ein G von etwa 10^{10}–10^{12} dyn/cm^2, und die Kurve sinkt leicht mit steigendem T (negativer Temperaturkoeffizient der Energieelastizität). Es können sekundäre Dispersionsgebiete folgen, in denen G etwas erniedrigt wird. Eine beträchtliche Änderung aber erfolgt erst dann, wenn das Gebiet der Glasumwandlung T_g erreicht wird: hier taut die Segmentbeweglichkeit auf und G sinkt auf Werte von etwa 10^5–10^7 dyn/cm^2. Diesen Abfall nennt man das 1. Dispersionsgebiet; es beschreibt den Übergang Glas-Gummi. Ist das Molekulargewicht so groß, daß sich Verhängungen bilden können ($M > M_c$), so folgt nun das gummielastische Plateau, das um so breiter ist, je größer M. Ist $M < M_c$, so geht der Glaszustand direkt in das Fließgebiet (Flüssigkeit) über. Im gummielastischen Plateau steigt G mit T infolge des positiven Temperaturkoeffizienten der Entropieelastizität, die hier vorliegt; aus der Größe von G können wir das Netzbogengewicht M_e errechnen nach $G = \dfrac{d}{M_e} \cdot RT$. Haben wir es mit einem echten, vernetzten Gummi zu tun, so verläuft die Kurve nun leicht steigend weiter bis zur Zersetzung. Bei linearen Polymeren dagegen wird schließlich das Erweichungsgebiet erreicht. Hier werden die Verhängungen durch die starke Wärmebewegung sofort zerstört (sie relaxieren sehr rasch), so daß die Elastizität verschwindet; die Verhängungen können dem Abgleiten keinen Widerstand mehr entgegensetzen. Der Schubmodul G sinkt rasch auf sehr kleine Werte ab; wir sprechen vom 2. Dispersionsgebiet, das den Übergang Gummi-Flüssigkeit beschreibt und das durch den Erweichungsbereich bzw. durch die Fließtemperatur T_f gekennzeichnet wird. Schließlich erreichen wir dann den Bereich der rein viskosen Flüssigkeit, in der keine Elastizität mehr vorkommt.

Bei den teilweise kristallinen Polymeren ist die Sache etwas komplizierter; der Verlauf einer thermomechanischen Kurve ist in Abb. 63 schematisch dargestellt. Hier folgt nach dem Glasübergang ein zähhornartiger Zustand, in dem die Kristallite noch intakt sind und daher, je nach ihrer Größe, die Segmentbeweglichkeit mehr oder weniger hemmen; sie wirken gewissermaßen als starke Vernetzungen. Erst bei ihrem Schmelzpunkt T_m tritt dann völlig freie Segmentbeweglichkeit auf; es

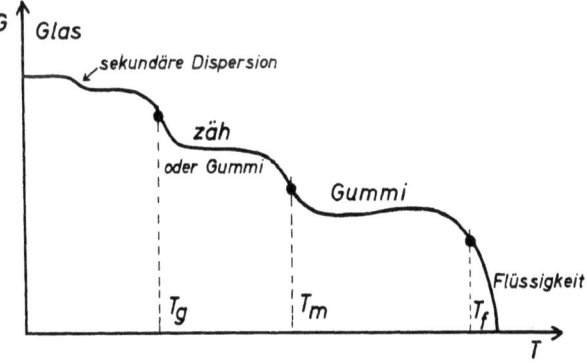

Abb. 63. Thermomechanische Kurve eines teilweise kristallinen Polymeren

hängt nun davon ab, wie hoch der Anteil der kristallinen Bereiche ist, ob sich der gummielastische Zustand schon vor oder erst nach Durchlaufen von T_m auswirkt. Liegt T_f der amorphen Bereiche höher als T_m, so kann sich an T_m noch ein Plateau anschließen, das erst bei T_f in die Fließzone übergeht. Häufig ist T_f aber niedriger als T_m, dann geht das Polymere nach Durchlaufen von T_m gleich in den flüssigen Zustand über. Dies trifft besonders dann zu, wenn ein hoher Schmelzpunkt T_m mit hohem kristallinen Anteil zusammen vorliegt.

3.16 Lineare Viskoelastizität

In realen Polymeren kommen viskose und elastische Eigenschaften zusammen vor; man spricht daher von Viskoelastizität. Kann man die Elastizität durch das Hookesche Gesetz und die Viskosität durch das Newtonsche Gesetz beschreiben, so spricht man von linearer Viskoelastizität, weil in beiden Fällen die Spannung τ linear von der Deformation γ bzw. der Deformationsgeschwindigkeit $d\gamma/dt$ abhängt:

$$\tau = \frac{G}{\gamma}; \quad \tau = \frac{\eta}{d\gamma/dt} \quad \begin{array}{l} G: \text{Elastizitätsmodul,} \\ \eta: \text{Viskosität.} \end{array}$$

Leider kann man besonders das Newtonsche Gesetz bei Polymeren höchst selten voraussetzen (meist Strukturviskosität!), so daß die lineare Viskoelastizität eine Näherung bleibt, die nur bei kleinen Deformationen einigermaßen erfüllt ist.

Um das Verhalten eines viskoelastischen Körpers zu beschreiben, muß man seinen Spannungszustand angeben, wie er sich als Folge einer Deformation einstellt. An einem Volumelement kann man 9 Spannungskomponenten definieren, die zusammen den Spannungstensor bilden. Man bezeichnet sie mit jeweils 2 Indices, wobei der erste Index die Fläche angibt, auf die die Kraft wirkt, und der zweite die Richtung, in die sie wirkt (Abb. 64). Die Spannungen erhält man aus den Kräften durch Division durch die Fläche. Spannungen mit gleichen Indices sind Normalspannungen; z. B. ist τ_{11} die Zugspannung (mit negativem Vorzeichen entsprechen sie dem Druck). Bei viskoelastischen Körpern, auch bei elastischen Lösungen, treten als Folge der Strömung Normalspannungen auf; meist in Form der sogenannten ersten Normalspannungsdifferenz $\tau_n = \tau_{11} - \tau_{22}$ (vgl. S. 86). Spannungen mit gemischten Indices nennt man Schubspannungen oder Scherspannungen; τ_{12} ist die aus der Viskosimetrie gut bekannte Schubspannung. Man kann somit bestimmte Deformationsvorgänge mit Hilfe ihrer besonderen Spannungen aufschreiben. In Abb. 65 sind die Zugdeformation und die Schubdeformation ($\equiv$ Scherdeformation) dargestellt; handelt es sich um einen viskoelastischen Körper, so muß das Verhalten jeweils durch eine elastische und eine viskose Konstante beschrieben werden. Bei Zugversuch treten der Elastizitätsmodul E und die Zugviskosität η_z auf, beim Schubversuch der Schubmodul G und die Schubviskosität η, wie in Abb. 65 angegeben. Mit ε

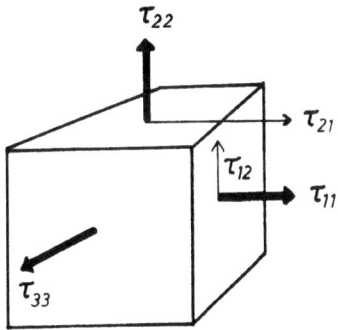

Abb. 64. Spannungskomponenten am Volumselement

bzw. γ bezeichnet man die Zug- bzw. Schubdeformation, $\dot{\varepsilon}=d\varepsilon/dt$ ist die Deformationsgeschwindigkeit. In der klassischen Physik gilt für inkompressibles Material der einfache Zusammenhang $E=3G$. Ferner nennt man den Kehrwert des Elastizitätsmoduls die Zug-Komplianz (Komplianz = Nachgiebigkeit) D und jenen des Schermoduls die Scher-Komplianz J:

$$E = 1/D, \quad G = 1/J \quad \text{und} \quad 3D = J.$$

Die Kompressibilität beschreibt man durch die Poissonsche Konstante μ:

$$\mu = \frac{1}{2}\left\{1 - \frac{1}{V}\cdot\frac{dV}{d\varepsilon}\right\}.$$

Ist ein Material inkompressibel, so ist $dV/d\varepsilon=0$ und daher $\mu=0,5$. Bei Polymeren (Thermoplaste) kann μ zwischen 0,2 und 0,3 liegen.

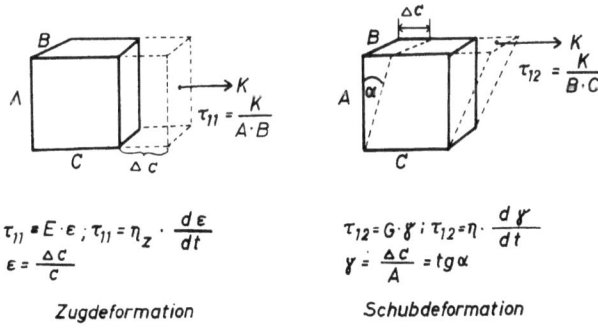

Abb. 65. Zug- und Schubdeformation

Bei Polymeren kommt als bedeutende Komplikation hinzu, daß infolge des „Nachgebens" von Molekülverhängungen elastische Spannungen relaxieren. Das hat zur Folge, daß die Moduln nicht mehr konstant sind, sondern eine Funktion der Zeit. Man kann einen bestimmten Modul dann nur mehr durch ein bestimmtes Experiment messen; eine Umrechnung ist nur bedingt und jedenfalls nicht mehr einfach möglich. Streckt man etwa in einem Zugversuch ein viskoelastisches Material auf eine bestimmte Länge ε_0 (die konstant gehalten wird) und mißt die Spannung als Funktion der Zeit, so erhält man den *Zug-Relaxationsmodul* $E(t)$:

$$E(t) = \frac{\tau_{11}(t)}{\varepsilon_0}.$$

In ähnlicher Weise erhält man den *Schub-Relaxationsmodul* $G(t)$:

$$G(t) = \frac{\tau_{12}(t)}{\gamma_0}.$$

Belasten wir dagegen eine Probe mit einem konstanten Gewicht (konstante Spannung τ_0) und messen wir die Verlängerung (Zug-Deformation) als Funktion der Zeit, so sprechen wir von einem Kriechversuch, der die *Zug-Kriechkompliance* $D(t)$ mißt. Analog ist die *Schub-Kriechkompliance* definiert:

$$D(t) = \frac{\varepsilon(t)}{\tau_{11,0}}; \quad J(t) = \frac{\gamma(t)}{\tau_{12,0}}.$$

Die früher angegebenen einfachen Beziehungen zwischen den Moduln und den Komplianzen gelten nicht mehr:

$$E(t) \neq 1/D(t); \quad G(t) \neq 1/J(t).$$

$E(t)$ und $G(t)$ können hier nur in Versuchen mit konstanter Deformation, und $D(t)$ und $J(t)$ nur in Versuchen mit konstanter Spannung gemessen werden.

Eine weitere viel verwendete Untersuchungsmethode für viskoelastische Systeme sind dynamische Messungen. Hier wird z. B. eine sinusförmig wechselnde Spannung aufgebracht, und die dazugehörige Deformation wird gemessen. Diese wird im allgemeinen ebenfalls sinusförmig sein, doch wird infolge der Viskosität des Materials die Amplitude verringert (gedämpft), und als Folge der Elastizität tritt eine Phasenverschiebung auf. Man erhält so z. B. in einem Scher-Experiment einen *„dynamischen Schermodul"* G^x. Es ist vorteilhaft, wenn man diesen in

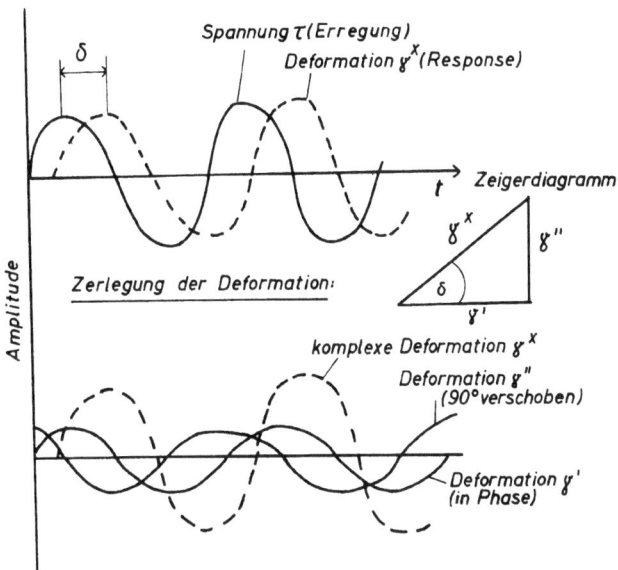

Abb. 66. Spannung und Deformation im dynamischen Experiment

zwei Anteile aufteilt: in einen, der mit der Erregungswelle „in Phase" ist, und in einen, der eine Phasenverschiebung um eine Viertelwelle (90° bzw. $\pi/2$) aufweist (Abb. 66). Man kann dann diese einzelnen Komponenten als Teile einer komplexen Zahl aufschreiben und erhält:

$$G^x = G' + iG''; \quad |G^x| = \sqrt{G'^2 + G''^2}.$$

Sehr übersichtlich kann man dies im Zeigerdiagramm darstellen. Man nennt dann G' den Speichermodul, er entspricht dem elastischen Anteil der Deformation. G'' ist der Verlustmodul; er stellt eine Viskosität dar:

$$\eta' = \frac{G''}{\omega}; \quad \omega = 2\pi f \quad (f\text{: Frequenz}).$$

Das Verhältnis beider Moduln wird als Verlustwinkel bezeichnet:

$$\text{tg}\,\delta = G''/G',$$

wobei δ der Winkel der Phasenverschiebung (Phasenwinkel) ist. Die dynamischen Funktionen können wiederum nicht ohne weiteres mit den

Werten verglichen werden, die man aus stationären Messungen erhält; sie werden nur für den Grenzfall $t=\infty$ ($\dot{\gamma}=0$) und $f=0$ identisch.

Im allgemeinen können nun die viskosen und die elastischen Deformationen, die in einem viskoelastischen Körper auftreten, nicht getrennt betrachtet werden; sie wirken vielmehr zusammen und die Wirkung, die wir beobachten oder messen, ist die Summe von beiden. Hier gibt es nun das außerordentlich wichtige *Boltzmannsche Superpositionsprinzip*, das besagt, daß wir die beiden Effekte einfach addieren müssen, um die Gesamtwirkung zu erhalten. Wenn z. B. zu einer Zeit t_1 eine Spannung τ_1 wirkt, und zu einer Zeit t_2 eine Spannung τ_2, so ergibt sich die Gesamtdeformation für $t=t_1+t_2$ einfach als Summe der beiden Einzeldeformationen:

$$\gamma(t) = \tau_1 J(t_1) + \tau_2 J(t_2)$$

was leicht verallgemeinert werden kann:

$$\gamma(t) = \sum_i \tau_i J(t-t_i).$$

In Abb. 67 ist diese lineare Addition der Deformationen schematisch dargestellt. Durch Kombination von elastischen und viskosen Deformationsvorgängen kommt man so zu den verschiedenen viskoelastischen „Modellen", die im nächsten Kapitel besprochen werden.

Ein weiteres wichtiges Prinzip ist das *Zeit-Temperatur-Superpositionsprinzip*. Es besagt, daß eine Verkürzung der Zeitdauer eines Experimentes

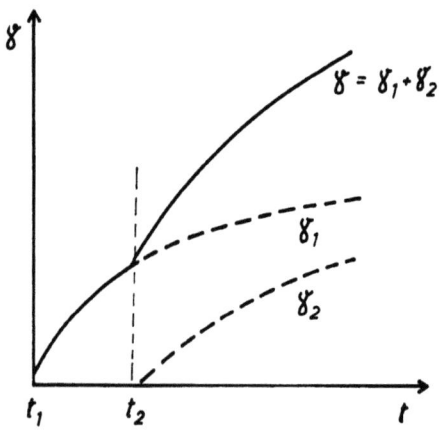

Abb. 67. Das Boltzmannsche Superpositionsprinzip

(z. B. Kriechversuch, Spannungs-Relaxationsversuch) bzw. Erhöhung der Frequenz im dynamischen Experiment gleich wirken wie die Erniedrigung der Meßtemperatur. In Abb. 68 ist dies dargestellt. In einem normalen Kriechexperiment kann man die Meßzeit nur in recht beschränktem Maße variieren (etwa 1:1000). Ändert man aber die Meßtemperatur, so erhält man eine Gruppe von übereinanderliegenden Kurven, wie sie

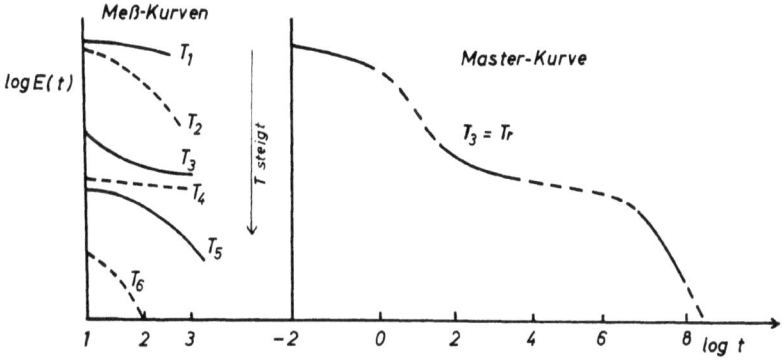

Abb. 68. Zeit-Temperatur Superpositionsprinzip

in Abb. 68 links dargestellt sind. Wenn man nun die einzelnen Kurven um so weiter nach rechts verschiebt, je höher die Meßtemperatur ist, so gelingt es, alle Einzelkurven zu einer einzigen Kurve zusammenzufassen („master curve"). Dazu muß man jede Einzelkurve um einen Verschiebungsfaktor a_T auf der logarithmischen Abszissenachse verschieben. Das heißt, wird die Temperatur von T_1 auf T_2 erhöht, so entspricht das einer Reduzierung der Meßzeit von t auf t/a_T. Man kann somit auf diese Weise die Funktion Modul/Zeit bis zu so langen Zeiten erfassen, wie sie einer direkten Messung nie zugänglich wären. Praktisch geht man so vor, daß man eine erwünschte „Referenztemperatur" T_r festlegt. Hierauf führt man dann die Verschiebung der Teilkurven, die höheren (nach rechts) oder geringeren (nach links) Temperaturen als T_r entsprechen, durch; meist wird dies graphisch getan. Mathematisch entspricht diese Verschiebung der Beziehung:

$$E(T_r,t) = \frac{d(T_r)T_r}{d(\tau)T} \cdot E\left(\tau, \frac{t}{a_T}\right).$$

Die Dichten $d(T_r)$ und $d(T)$ müssen eingeführt werden, um die Änderung der Zahl der Verhängungen pro Volumseinheit zu berücksichtigen, und die beiden Temperaturen selbst tragen der Temperaturabhängigkeit des Moduls Rechnung. Die Verschiebungsfaktoren hängen von der Temperatur ab; für die Referenztemperatur $T = T_r$ wird $a_T = 1$. Die Gleichung für diesen Zusammenhang lautet:

$$\log a_T = \frac{-C_1(T - T_r)}{C_2 + T - T_r}.$$

Diese Gleichung stellt die WLF-Gleichung dar (vgl. S. 80), wobi meist für T_r die Glastemperatur T_g genommen wird.

3.17 Viskoelastische Modelle

Das Boltzmannsche Superpositionsprinzip ermöglicht es, das Zusammenwirken von Elastizität und Viskosität zu berechnen, wenn wir bestimmte einfache Annahmen zugrundelegen. Um solche Kombinationen auch anschaulich darzustellen, hat man die sogenannten mechanischen Modelle eingeführt. Als solches Modell für reine Elastizität kann eine Feder dienen, deren Verhalten durch das Hookesche Gesetz beschrieben wird. In gleicher Weise stellt man die reine Viskosität durch einen Dämpfer dar; einen Kolben, der in einer Flüssigkeit von hoher, aber Newtonscher Viskosität verschoben wird, die entsprechende Formel ist das Newtonsche Gesetz (Abb. 69). Die Feder reagiert momentan auf

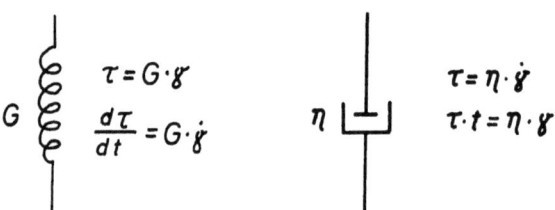

Feder (Hooke'sche Gesetz)   Dämpfer (Newton'sches Gesetz)

Abb. 69. Die mechanischen Grundmodelle

eine angelegte Kraft; Trägheitseffekte werden also vernachlässigt. Beim Dämpfer tritt als Folge einer angelegten Spannung eine fortlaufende

Deformation auf, die leicht durch Integration des Newtonschen Gesetzes erhalten werden kann:

$$\gamma(t) = \frac{\tau}{\eta} \cdot t.$$

Wir verwenden hier und in der weiteren Folge den Schermodul G und die Scherviskosität η, weil die Scherdeformation bei Polymeren besonders wichtig ist. Im Prinzip aber können die Modelle auch für jede andere Deformationsweise stehen.

Das bisher Gesagte bringt uns nichts Neues. Anders wird es, wenn wir nun zu bestimmten Kombinationen dieser beiden Grundelemente übergehen. Durch Hintereinanderschalten einer Feder und eines Dämpfers erhalten wir das Maxwell-Modell (vgl. Abb. 70). Anschaulich können wir seinem Bild entnehmen, daß es zwar Elastizität besitzt, daß aber dennoch ein dauernder Fließvorgang möglich ist, solange eine Spannung wirkt. Das Maxwell-Modell eignet sich daher recht gut als erste Näherung für eine elastische Flüssigkeit. Die Bewegungsgleichung für das Maxwell-Modell erhalten wir durch Addition der Deformationen des elastischen und des viskosen Elementes:

$$\gamma = \gamma_G + \gamma_\eta = \frac{\tau}{G} + \frac{\tau}{\eta} \cdot t.$$

Durch Differentiation erhalten wir daraus die Deformationsgeschwindigkeit:

$$\dot\gamma = \frac{1}{G} \cdot \frac{d\tau}{dt} + \frac{\tau}{\eta}.$$

Nun kann man versuchen, vorauszuberechnen, wie sich ein solches Maxwell-Modell bei verschiedenen Deformationsarten verhalten wird. Im Kriechexperiment wird das Modell momentan einer konstanten Spannung τ_0 ausgesetzt. Da somit $d\tau/dt = 0$, ergibt dies

$$\dot\gamma = \frac{\tau_0}{\eta}.$$

Integration dieser Differentialgleichung von der Zeit $t=0$ bis zu einer Zeit t liefert:

$$\frac{\gamma(t)}{\tau_0} = \frac{\gamma_0}{\tau_0} + \frac{t}{\eta}.$$

Hier ist γ_0/τ_0 die momentane Deformation der Feder; diese ist aber gerade $1/G$, so daß wir schreiben können:

$$\frac{1}{G(t)} = \frac{1}{G} + \frac{t}{\eta}.$$

Wie wir schon gesehen haben, ist aber $1/G$ die Schub-Komplianz. Setzen wir weiter $1/G = J$, so können wir endlich für den Kriechversuch mit dem Maxwell-Modell schreiben:

$$J(t) = J + \frac{t}{\eta}.$$

Anders verläuft das Spannungs-Relaxations-Experiment. Wir können es uns zunächst anschaulich vergegenwärtigen. Wird an ein Maxwell-Element momentan eine Spannung gelegt, so wird die Feder sofort deformiert. In der weiteren Folge wird aber nun die bestehende Spannung den Dämpfer bewegen, und zwar solange, bis durch seine Deformation die Spannung auf den Wert Null abgesunken ist (Abb. 70). Wir sagen, das Modell hat relaxiert. Die *Relaxation* stellt also eine Umwandlung

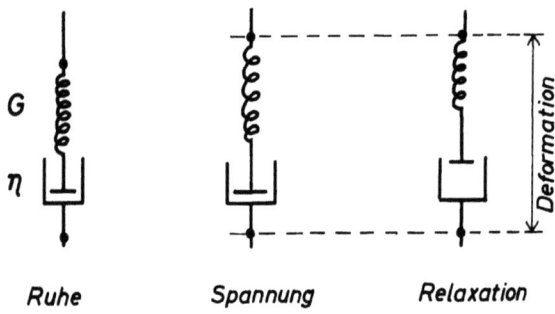

Ruhe   *Spannung*   *Relaxation*

Abb. 70. Spannungsrelaxation am Maxwell-Modell

von gespeicherter elastischer Energie in irreversibel dissipierter viskose Energie dar. Zur Berechnung dieses Experimentes gehen wir wieder von der Gleichung des Maxwell-Modells aus. Bedenken wir, daß bei der Spannungs-Relaxation die Deformation konstant gehalten wird, so können wir schreiben:

$$\dot{\gamma} = \frac{1}{G} \cdot \frac{d\tau}{dt} + \frac{\tau}{\eta} = 0.$$

Diese Differentialgleichung kann leicht gelöst werden. Mit den Grenzbedingungen $\tau = \tau_0$ für $t = 0$ erhalten wir:

$$\tau = \tau_0 \cdot e^{-\frac{Gt}{\eta}}.$$

Man sieht, daß hier das Verhältnis η/G auftritt, das gewissermaßen die Wirkung der Elastizität und der Viskosität in einer Größe zusammenfaßt. Man nennt diesen Ausdruck die Relaxationszeit θ, damit erhält die Relaxationsgleichung die Form:

$$\tau = \tau_0 \cdot e^{-t/\theta}.$$

Man kann sie auch mit Hilfe des Relaxations-Schermoduls schreiben. Wegen $\tau/\gamma = G$ erhalten wir:

$$G(t) = G \cdot e^{-t/\theta}.$$

Häufig interessiert die Relaxation der Spannung beim stationären Fließen; hier ist also die Deformationsgeschwindigkeit nicht Null, sondern sie hat einen konstanten Wert $\dot{\gamma}_0$. Die Rechnung ergibt für diesen Fall:

$$\frac{\tau - \tau_\infty}{\tau_0 - \tau_\infty} = e^{-t/\theta} \qquad \tau_0, \tau_\infty : \tau \begin{cases} \text{zur Zeit } t = 0 \text{ und} \\ \text{zur Zeit } t \to \infty \; (\tau_\infty = \dot{\gamma}_0 \cdot \eta) \end{cases}$$

Auch für dynamische Deformation kann das Verhalten eines Maxwell-Modells leicht berechnet werden. Wir legen an das Modell eine sinusförmige Spannung der Amplitude τ_0 und der Kreisfrequenz ω:

$$\tau(t) = \tau_0 e^{i\omega t}.$$

Dann ist die Deformation ebenfalls sinusförmig, aber um den Phasenwinkel δ verschoben. In der komplexen Schreibweise erhalten wir die Differentialgleichung:

$$\frac{d\gamma(t)}{dt} = \frac{\tau_0}{G} i\omega e^{i\omega t} + \frac{\tau_0}{\eta} e^{i\omega t}.$$

Integration ergibt:

$$\frac{\gamma(t_2) - \gamma(t_1)}{\tau(t_2) - \tau(t_1)} = J^x = J - i\frac{J}{\theta\omega},$$

mit $J^x = J' - iJ''$,

$$J' = J; \qquad J'' = \frac{J}{\omega D} = \frac{1}{\eta\omega}.$$

Da $J = 1/G$, können wir auch G^x sofort berechnen:

$$G^x = \frac{1}{J - \frac{iJ}{\theta\omega}} = \frac{\theta\omega G}{\theta\omega - i}.$$

175

Daraus ergeben sich die Beziehungen:

$$G' = \frac{G\theta^2\omega^2}{1+\theta^2\omega^2}; \quad G'' = \frac{G\theta\omega}{1+\theta^2\omega^2}; \quad \text{tg}\,\delta = \frac{G''}{G'}; \quad \eta' = \frac{G\theta}{1+\theta^2\omega^2},$$

die uns also die Frequenzabhängigkeit der Moduln für das Maxwell-Modell angeben.

Schalten wir Feder und Dämpfer nicht hintereinander, sondern parallel, so erhalten wir das in Abb. 71 dargestellte *Voigt-Modell*. Man sieht

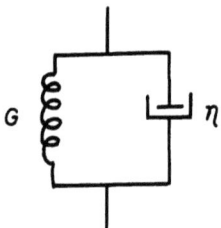

Abb. 71. Das Voigt-Modell

sofort, daß es andere Eigenschaften haben muß als das Maxwell-Modell. Wird es belastet, so kann sich die Feder nicht momentan ausdehnen, sondern nur in dem Maße, wie der Dämpfer nachgibt. Auf der anderen Seite wird nach Wegnehmen der Belastung die Feder sich wieder zusammenziehen — und zwar wieder gebremst durch den Dämpfer, aber dennoch so weit, bis keine Deformation mehr übrig bleibt. Das Voigt-Modell beschreibt uns also eine gebremste Elastizität, man spricht hier von der retardierten Elastizität und faßt die beiden Kenngrößen G und η wieder zu einer Konstanten zusammen, die man Retardationszeit nennt, aber ebenso wie die Relaxationszeit mit dem Symbol θ schreibt: $\theta = \eta/G$. Das Voigt-Modell beschreibt daher eher einen Festkörper, der auch viskose Eigenschaften aufweist.

Im Voigt-Modell ist die Deformation für die beiden Elemente gleich, addiert werden hier also die Spannungen. Das ergibt:

$$\tau(t) = \gamma(t) \cdot G + \eta \cdot \frac{d\gamma(t)}{dt}.$$

Im Kriech-Experiment haben wir wieder konstante Spannung, daher:

$$\frac{d\gamma(t)}{dt} + \frac{\gamma(t)}{\theta} = \frac{\tau_0}{\eta}.$$

Die Integration dieser Gleichung in den Grenzen $\gamma(0)=0$ und $\gamma(t)$ liefert:

$$\gamma(t) = \frac{\tau_0}{G}(1 - e^{-t/\theta}).$$

Obwohl solche Modelle für die mathematische Behandlung von viskoelastischen Körpern sehr wichtig sind, ist leicht einzusehen, daß sie für reale Stoffe nur sehr grobe Näherungen darstellen können. Im Prinzip könnte man nun beliebig viele Modelle in beliebiger Weise kombinieren, und dadurch das reale Polymer-Verhalten gut approximieren. Abgesehen von den mathematischen Schwierigkeiten, die sich dabei ergeben, wäre jedoch eine solche phänomenologische Beschreibung wenig befriedigend, da sie keinerlei Einblick in die Struktur der Stoffe verschafft. Dennoch wollen wir noch an Hand einer Kombination aus einem Maxwell- und einem Voigt-Modell anschaulich vor Augen führen, wie ein solches Modell bereits ein recht komplexes Verhalten beschreiben kann. Es ist in Abb. 72 dargestellt und besteht aus den parallelen Elemen-

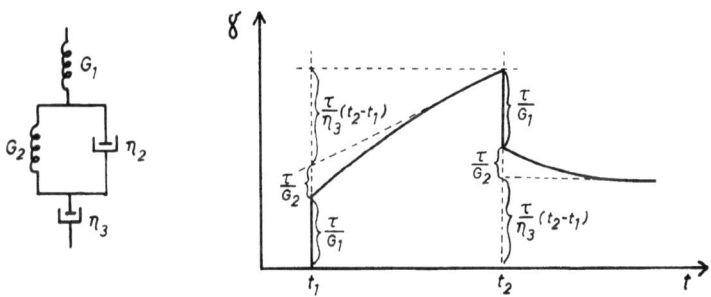

Abb. 72. Kombination aus Maxwell- und Voigt-Modell

ten G_2 und η_2, zu denen die Elemente G_1 und η_3 in Serie geschaltet sind. Fragen wir nun, was passieren wird, wenn wir dieses Modell zunächst belasten, dann entlasten. Die auftretenden Deformationsvorgänge sind ebenfalls in Abb. 72 dargestellt und aufgegliedert. Wir beginnen mit der Belastung durch die Spannung τ zur Zeit t_1. Dadurch wird die Feder G_1 sofort um den Betrag τ/G_1 deformiert werden. Anschließend erfolgt sodann die durch η_2 retardierte Deformation von G_2, und zugleich die Deformation von η_3. Da die Kombination $G_2 + \eta_2$ nur solange deformiert werden kann, als G_2 es erlaubt, wird bei großen Zeiten nur mehr η_3 deformiert werden. Man kann daher mit Hilfe der Asymptote die Wirkung von η_3 sowie G_2/η_2 trennen, wie dies in Abb. 72 eingezeichnet ist. Nun soll im Punkt t_2 wieder entlastet werden. Die Feder G_1 gibt momentan nach, und wir gewinnen die elastische Deformation τ/G_1 zurück. Hierauf erfolgt nun die Relaxation der Deformation von $G_2+\eta_2$; ihr Betrag macht τ/G_2 aus, während ihre Geschwindigkeit durch die Retardationszeit $\theta=\eta_2/G_2$ bestimmt wird. Wenn das System zur Ruhe kommt, bleibt schließlich noch die viskose Deformation bestehen, die durch das irreversible Fließen von η_3 bewirkt wurde; wir haben es hier also mit einer bleibenden Deformation zu tun, wie man sie als „Restdeformation" in den wirklichen Polymeren auch tatsächlich sehr häufig findet.

Ein großer Nachteil dieser Modelle ist, daß sie mit konstanten Viskositäten und Elastizitäten arbeiten. Sie können also die enormen Änderungen der Viskosität mit der Deformationsgeschwindigkeit nicht wiedergeben. Das hat bei den realen Polymeren zur Folge, daß Vorgänge, die mit beträchtlichen Änderungen der Deformationsgeschwindigkeit verbunden sind, nicht mit solchen Modellen beschrieben werden können. Dies gilt insbesondere auch für die elastischen Lösungen, für die das Maxwell-Modell angewendet werden kann, wenn die Bedingung einer konstanten Deformationsgeschwindigkeit (Geschwindigkeitsgefälle) erfüllt ist.

3.18 Mechanische Spektroskopie

Ein einfaches viskoelastisches Modell, z. B. ein Maxwell-Modell, ist durch eine einzige Relaxationszeit bestimmt. Man sieht leicht ein, daß Polymer-Ketten mit ihren vielen Bewegungsmöglichkeiten auf viele Weisen relaxieren können und daher viele Relaxationszeiten haben werden: die Relaxation eines kurzen Teilstückes aus wenigen der gegeneinander beweglichen Grundbausteine wird sicher viel rascher erfolgen als die Relaxation eines langen Segmentes oder gar des ganzen Knäuelmoleküls. Wir wollen uns nun fragen, was diese Vielzahl von Relaxationszeiten bewirken wird. Dazu gehen wir wieder vom einfachen Maxwell-Modell mit einer Relaxationszeit aus. Koppeln wir zwei davon mit zwei verschiedenen Relaxationszeiten θ_1 und θ_2, indem wir sie parallel schalten, so können wir nach dem Superpositionsprinzip von Boltzmann die Spannungen addieren; dividieren wir durch die Deformation, so erhalten wir den Relaxationsmodul:

$$\frac{\tau(t)}{\gamma_0} = G(t) = \frac{\tau_{01}}{\gamma_0}e^{-t/\theta_1} + \frac{\tau_{02}}{\gamma_0}e^{-t/\theta_2} = G_1 e^{-t/\theta_1} + G_2 e^{-t/\theta_2}.$$

Das können wir leicht auf z-Relaxationszeiten verallgemeinern:

$$G(t) = \sum_{i=1}^{z} G_i e^{-t/\theta_i}.$$

Wie sieht dies nun in Wirklichkeit aus? Nehmen wir an, die beiden Modelle hätten die Parameter

$$\theta_1 = 1 \text{ sek}, \quad G_1 = 3 \cdot 10^{10} \quad \text{und} \quad \theta_2 = 10^3 \text{ sek}, \quad G_2 = 5 \cdot 10^6.$$

Wir können dies graphisch darstellen, indem wir auf der Abszisse die θ-Werte und auf der Ordinate die zugehörigen Moduln G auftragen (vgl. Abb. 73). Eine solche Darstellung nennt man ein Relaxationszeit-Spektrum; in diesem Fall haben wir es mit einem diskreten Spektrum zu tun, das aus zwei Punkten besteht. Ein solches Modell wird zwei

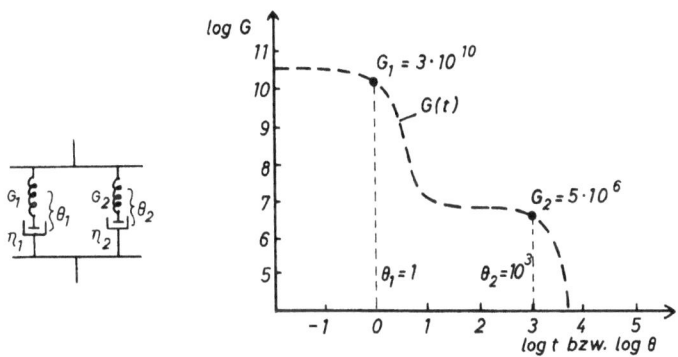

Abb. 73. Relaxationszeit-Spektrum (bei zwei Relaxationszeiten θ_1 und θ_2)

Relaxationsvorgänge zeigen, die jeweils bei dem entsprechenden θ-Wert ansetzen; der Verlauf von $G(t)$ wird also dort Dispersionsgebiete aufweisen; sie sind in der Abb. 73 eingezeichnet.

Mit der Summenformel

$$G(t) = \sum_{i=1}^{z} G_i e^{-t/\theta_i}$$

kann man auch Spektren mit sehr vielen Relaxationszeiten darstellen, doch ergeben sich dann recht langwierige Rechnungen. Liegen die Relaxationszeiten nahe aneinander, so ersetzt man die Summe durch ein Integral. Man erhält:

$$G(t) = \int_0^\infty G(\theta) e^{-t/\theta} d\theta.$$

Die verschiedenen G_i-Werte werden nun durch die kontinuierliche Funktion $G(\theta)$ ersetzt. Manchmal wird auch diese Funktion als Relaxationszeit-Spektrum bezeichnet, meist reserviert man diesen Ausdruck jedoch für eine weitere Funktion $H(\theta)$, die einfach gebildet wird als

$$H(\theta) = \theta \cdot G(\theta).$$

Damit kann man das Integral etwas umschreiben:

$$G(t) = \int_0^\infty \frac{H(\theta)}{\theta} e^{-t/\theta} d\theta = \int_{\ln\theta=-\infty}^{\ln\theta=+\infty} H(\theta) e^{-t/\theta} d\ln\theta.$$

Die Beschäftigung mit dem Relaxationszeit-Spektrum nennt man *mechanische Spektroskopie*. Da man über die Verteilung der Relaxationszeiten wenig weiß, stellt sich die Aufgabe, aus Meßdaten das Spektrum zu ermitteln; das Spektrum wiederum gibt Informationen über die Bewegungsvorgänge, die bei der Deformation einer polymeren Substanz ablaufen.

In ähnlicher Weise kann man über Komplianzen zu einem Retardationszeit-Spektrum gelangen, das man mit $L(\theta)$ bezeichnet und das definiert ist als:

$$J(t) = \int_{\ln\theta=-\infty}^{\ln\theta=+\infty} L(\theta) (1 - e^{-t/\theta}) d\ln\theta.$$

Auch mit Hilfe dynamischer Meßdaten kann man Relaxationszeit-Spektren schreiben. So gilt etwa für den Scher-Speichermodul als Funktion der Kreisfrequenz ω der Zusammenhang:

$$G'(\omega) = \int_{\ln\theta=-\infty}^{\ln\theta=+\infty} H(\theta) \cdot \frac{\omega\theta}{1+\omega^2\theta^2} d\ln\theta.$$

Für die Ermittlung der Relaxationszeit-Spektren aus Meßdaten gibt es graphische Methoden (dafür konsultiere man Spezialbücher über Rheologie), aber auch Näherungsformeln. Schwarzl hat folgende Zusammenhänge angegeben:

$$H(\theta) = -\frac{dG(t)}{d\ln t} + \frac{d^2 G(t)}{d(\ln t)^2}; \quad H(\theta) = \frac{dG'(\omega)}{d\ln\omega} - \frac{1}{4} \frac{d^3 G'(\omega)}{d(\ln\omega)^3}.$$

Die Ermittlung von Relaxationszeit-Spektren aus stationären Messungen (etwa Fließkurven) ist heute auf einwandfreie Weise noch nicht möglich, wenngleich auch hier mehr oder weniger empirische Näherungsformeln bekannt wurden. So hat Ferry folgenden Ausdruck vorgeschlagen:

$$H(\theta) = \dot{\gamma}^2 \cdot \frac{d\eta}{d\dot{\gamma}}.$$

Ausgehend von der Tatsache, daß lange Kettenmoleküle sehr viele Bewegungsmöglichkeiten („Moden") haben, um eine Deformation auszuführen, haben mehrere Autoren (Rouse, Zimm) versucht, aus molekularen Vorstellungen Formeln abzuleiten. Man erhält dabei Ausdrücke, die formal ähnlich oder gleich aussehen wie jene von mehrfachen Maxwell-Modellen. So ergibt sich für die dynamische Elastizität (Speichermodul):

$$G'(\omega) = v k T \sum_{p=1}^{z} \frac{\omega^2 \theta_p^2}{1+\omega^2 \theta_p^2}, \quad \frac{G''(\omega)}{\omega} = \eta'(\omega) = v k T \sum_{p=1}^{z} \frac{\theta_p}{1+\omega^2 \theta_p^2},$$

wobei die einzelnen Relaxationszeiten θ_p gegeben sind als

$$\theta_p = \frac{G\eta}{v k T \pi^2 p^2}$$

(für Lösungen wird an Stelle von η der Ausdruck $\eta - \eta_s$ gesetzt). Diese Gleichungen besagen, daß sowohl Speichermodul als auch Verlustmodul (Viskosität) bestimmten Potenzen von θ proportional sind, wobei sich diese Potenzen jeweils beim Wert $\omega \cdot \theta_1 = 1$ ändern; also dort, wo die reziproke Kreisfrequenz $1/\omega$ und die erste (längste) Relaxationszeit θ_1 gleich sind. Diese Funktionen sind in Abb. 74 dargestellt; die Theorie von Rouse sagt für hohe ω-Werte die Potenz 0,5 voraus, während die Zimm-Theorie infolge Berücksichtigung von hydrodynamischer Wechselwirkung und beschränkter Durchspülung der Polymerketten den Wert

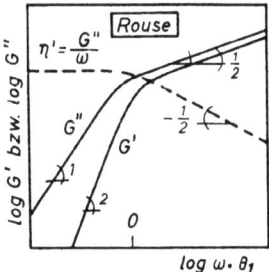 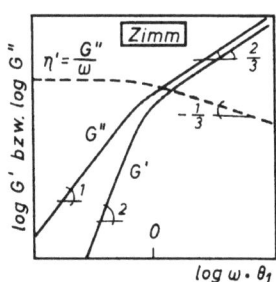

Abb. 74. Speicher- und Verlustmodul nach Theorien von Rouse und Zimm

2/3 liefert. Die dynamische Viskosität $\eta' = \dfrac{G''}{\omega}$ sollte bis $\theta_1 = \omega$ konstant sein und sodann mit $\omega^{1/2}$ (Rouse) bzw. $\omega^{1/3}$ (Zimm) sinken.

Das Relaxationszeit-Spektrum ergibt sich (nach Rouse) zu:

$$H(\theta) = v k T \sum_{p=1}^{z} \theta_p \delta(\theta - \theta_p) = \frac{\sqrt{6}}{\pi} \cdot \sqrt{v k T \eta} \cdot \frac{1}{\sqrt{\theta}},$$

wobei δ der Dirac-Operator ist ($\delta = 0$ für ungerades p, $\delta = 1$ für gerades p).

3.19 Festigkeit und Bruchvorgang

Um ein Polymeres als Werkstoff beurteilen zu können, muß man seine Festigkeit kennen. Dazu mißt man die Kraft, die nötig ist, um das Probestück zu zerreißen. Man führt dies in Reißmaschinen durch, die das sogenannte Kraft-Dehnungs-Diagramm liefern, bei dem auf der Ordinate die Kraft, auf der Abszisse die Dehnung aufgetragen ist, und zwar bis zum Bruchvorgang. Man kann die Kraft über den bekannten Querschnitt des Probekörpers leicht auf die Spannung (Zugspannung) umrechnen; doch stimmt dies nicht genau, da sich der Querschnitt beim Streckvorgang verjüngt. Ganz allgemein kann ein Kraft-Dehnungs-Diagramm (oft KD-Diagramm genannt) die in Abb. 75 schematisch

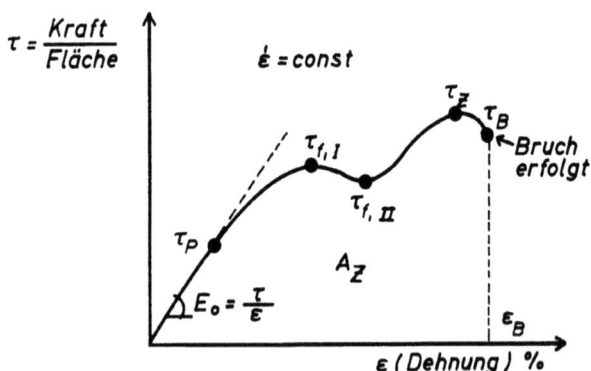

Abb. 75. Ein Kraft-Dehnungs-Diagramm

gezeigte Gestalt haben. Zu Beginn erfolgt eine rein elastische und daher lineare Dehnung; ihre Steigung liefert den sogenannten Anfangsmodul E_0. Hierauf folgt nach Durchlaufen der Proportionalitätsgrenze τ_p die Abweichung von der Linearität, die erstmals Fließvorgänge anzeigt. Schließlich kann es dann nach Durchlaufen der oberen Fließgrenze $\tau_{f,I}$ zum echten Fließen (dem kalten Fluß) kommen, bei dem die Spannung trotz steigender Dehnung wieder sinkt. Hierbei tritt beim Probestück oft eine typische Verjüngungszone auf (Flaschenhals, Teleskopfließen). Dies geht bis zur unteren Fließgrenze $\tau_{f,II}$, nach deren Durchlaufen die Kurve wieder ansteigt. Sie kann dann nochmals ein Maximum durchlaufen; dieses stellt hier die maximal erreichbare Spannung dar und wird daher *Zugfestigkeit* τ_z genannt. Nun sinkt die Kurve wieder und endet schließlich beim Punkt τ_B, in dem die Probe reißt; man nennt diesen Punkt *Reißfestigkeit* oder auch Reißkraft. Die dazugehörige Dehnung nennt man *Reißdehnung* ε_B. Die Fläche unter dem KD-Diagramm stellt die spezifische Formänderungsarbeit A_z bis zum Bruch dar. Häufig gibt man zur Charakterisierung eines Stoffes nur die Reißfestigkeit und die Reißdehnung an; beide hängen von der Deformationsgeschwindigkeit $\dot{\varepsilon}$ und der Einspannlänge ab; je rascher jene und kürzer diese, desto höher die gemessene Festigkeit.

Der Bruch kann nun irgendwo auf der eben beschriebenen Kurve erfolgen; danach unterteilt man die Stoffe in bestimmte Grundtypen. Beim spröden Bruch, der etwa bei Gläsern auftritt, findet kein Fließen statt; dementsprechend erfolgt der Bruch schon relativ bald nach der Proportionalitätsgrenze. Solche Stoffe nennt man spröd (Abb. 76). Bei zähem Bruch dagegen gehen der Zerstörung ausgedehnte Fließvorgänge voraus, und man spricht von zähen oder plastischen Materialien. In Abb. 76 sind schematisch einige „Materialtypen" und ihre KD-Diagramme eingezeichnet.

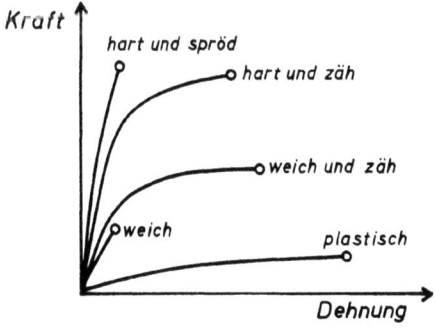

Abb. 76. Kraft-Dehnungs-Diagramme für verschiedene Stofftypen

Der *spröde Bruch* besteht im wesentlichen in der Zerstörung von Haupt- und Nebenvalenzbindungen unter Bildung neuer freier Oberfläche. Man kann die dazu nötige Kraft prinzipiell aus der Energie der zu trennenden Bindungen berechnen; einige Werte sind in Tabelle 10 zusammengestellt. Es ergibt sich, daß reale Polymere deutlich schwächer sind als es der Festigkeit der Hauptvalenzen entspricht. Daraus hat man

Tabelle 10

Bindung	Bindungsenergie erg/Bindung	Bindungsabstand Å	Kraft dyn/Bindung
kovalent	$50 \cdot 10^{-13}$	1,5	$330 \cdot 10^{-6}$
Wasserstoffbrücke	$3 \cdot 10^{-13}$	2,8	$10 \cdot 10^{-6}$
Dispersionskräfte	$1,25 \cdot 10^{-13}$	4	$3,1 \cdot 10^{-6}$

die Vorstellung entwickelt, daß beim Bruch zunächst Nebenvalenzen zerstört werden. Dadurch muß die Spannung dann allerdings von weniger Ketten getragen werden, wodurch es schließlich lokal zu solchen Spannungskonzentrationen kommen kann, daß dort auch Hauptvalenzen zerrissen werden. Das wurde durch die dabei beobachtete Abnahme des Molekulargewichtes und durch den Nachweis freier Radikale demonstriert.

Beim *zähen Bruch* wird zunächst durch Fließprozesse (Abgleiten der Kettenmoleküle aneinander) Energie verbraucht, die in Schall- oder Wärmeenergie umgewandelt wird. Nach der Theorie von Griffith gehen Bruchvorgänge stets von Fehlstellen wie winzigen Kratzern oder Kerben aus. Die angelegte Spannung wird als elastische Energie gespeichert. Geht der Bruch weiter, das heißt vergrößert sich die Kerbe, so wird dadurch einerseits neue Oberfläche gebildet und viskose Energie verbraucht, andererseits wird die Spannung reduziert, also gespeicherte elastische Energie abgebaut. Die Probe reißt, wenn dieser Abbau an elastischer Energie beim Wachsen der Kerbe gleich ist der Zunahme der Oberflächenenergie und der beim Fließen zum „Beiseiteschieben" der Ketten verbrauchten viskosen Energie. Bei Gläsern, für die Griffith seine Theorie ursprünglich entwarf, ist die viskose Energie vernachlässigbar klein (es findet kein Fließen statt), und es muß nur die Oberflächenenergie aufgebracht werden. Demnach ist die Bruchfestigkeit pro cm², also die Bruchspannung τ_B:

$$\tau_B \simeq \sqrt{\frac{2E\sigma}{\pi \cdot c}},$$

wobei E der Elastizitätsmodul, c die halbe Tiefe der Kerbe, und σ die Summe aus Oberflächenenergie und viskoser Energie ist. Harte Polymeren haben Kerben von $c \approx 0{,}005$ bis $0{,}1$ cm Tiefe. Diese Formel zeigt auch den wichtigen Befund, daß bei Vergrößerung der Kerbe (also c) τ_B sinken muß; d. h., wenn einmal der „kritische" Wert τ_B erreicht ist, so pflanzt sich der Bruch lawinenartig fort, bis völlige Zerstörung erfolgt.

Die Reißfestigkeit zeigt bei kleineren und mittleren Werten des Molekulargewichtes eine Abhängigkeit vom Molekulargewicht nach

$$\tau_B = a - \frac{b}{M_n}.$$

Dieser Gleichungstyp ist typisch für die „Verdünnungswirkung" der freien Kettenenden im Polymer-Netzwerk. Nach Flory kann deren Wirkung durch den Faktor

$$\left(1 - \frac{2M_e}{M_n}\right)$$

beschrieben werden. Die freien Kettenenden tragen nichts zur Festigkeit bei und schwächen das Polymere, und je kleiner das Molekulargewicht, desto mehr freie Kettenenden sind vorhanden. Wird das Molekulargewicht groß genug ($M_n \gg 2M_e$), so wird der zweite Term in der Gleichung vernachlässigbar klein, und die Festigkeit zeigt keine Molekulargewichts-Abhängigkeit mehr.

Zuletzt sind noch in Tabelle 11 einige mechanische Eigenschaften von Hochpolymeren zusammengestellt.

Tabelle 11. Mechanische Eigenschaften von Polymeren

	Zugfestigkeit dyn/cm^2	Elastizitätsmodul dyn/cm^2
Polystyrol	$4{,}5\text{--}5{,}5 \cdot 10^6$	$3 \cdot 10^{10}$
Polyäthylen	$1{,}7\text{--}3 \cdot 10^6$	$6 \cdot 10^9\ 1 \cdot 10^{10}$
Polypropylen	$3 \cdot 10^8$	$1{,}5 \cdot 10^{10}$
Polyvinylchlorid, hart	$5\text{--}6 \cdot 10^8$	$3 \cdot 10^{10}$
Polymethylmethacrylat	$7 \cdot 10^8$	$3 \cdot 10^{10}$
Polytetrafluoräthylen	$1{,}7\text{--}2{,}6 \cdot 10^8$	$4 \cdot 10^9$
Polyamid 66	$8{,}5 \cdot 10^8$	$3 \cdot 10^{10}$
Celluloseacetat	$3\text{--}4{,}5 \cdot 10^6$	$2 \cdot 10^{10}$

Anhang

Literatur

Braun, D., Cherdron, H., Kern, W.: Praktikum der makromolekularen organischen Chemie. Heidelberg: Hüthig 1971.
Elias, H.-G.: Makromoleküle. Basel: Hüthig 1971.
Hamann, K.: Die Chemie der Kunststoffe (Sammlung Göschen Bd. 1173/1173a). Berlin: Walter de Gruyter & Co. 1967.
Henrici-Olivé, G., Olivé, S.: Polymerisation (ChT, Nr. 8). Weinheim: Verlag Chemie 1969.
Philipp, B.: Grundlagen der makromolekularen Chemie (WTB Bd. 18). Berlin: Akademie Verlag 1964.
Schurz, J.: Kunststoff-Praxis. Stuttgart: Franckhsche Verlagsbuchhandlung 1964.
Schurz, J.: Viskositätsmessungen an Hochpolymeren. Stuttgart: Berliner Union 1972.
Schurz, J.: Struktur-Rheologie. Stuttgart: Berliner Union 1974.
Stuart, H. A.: Die Physik der Hochpolymeren, Band I–IV. Berlin (1952–56).
Tobolsky, A. V. (übersetzt von M. Hoffmann): Mechanische Eigenschaften und Struktur von Polymeren. Stuttgart: Berliner Union 1967.
Vollmert, B.: Grundriß der Makromolekularen Chemie. Berlin-Göttingen-Heidelberg: Springer 1962.

Sachverzeichnis

Absolutgröße der Streuung 105
Absolutintensität 106
Absolutstreuung 105, 110
Absorption 117
Absorptionsmaxima 117
Achsenverhältnis 62
„affin" 151
Aggregationsvorgänge 73
Aggregatzustände 3, 163
Aktivität 13, 24, 25, 90
— der Verunreinigungen 141
Aktivitätskoeffizient 13, 90, 25
Aktivierungsenergie 79, 80
amorphe Bereiche 3, 123
— Phase 131
amorpher Anteil 121
amphibile Stoffe 161
Anfangsmodul 183
Anlaufvorgänge 87
Äquivalentknäuel 46
Äquivalentkugeldichte 64
Archibald-Methode 98
Asymmetrie der Streuung 109
ataktische Struktur 124
athermisch 20
athermische Lösung 13
Aufweitung 47
Aufweitungsparameter 53, 67
Ausdehnungskoeffizient 138, 145
Ausfällung 43
Ausfällungspunkt 54
ausgeschlossenes Volumen 67, 53, 52
Auslöschungsrichtung 68, 69
Auslöschwinkel 68, 69
Ausrichtung 63
Autokorrelationsfunktion 115, 116
Avrami-Gleichung 143
Azimuthwinkel 46, 126, 48

barometrische Höhenformel 96
Barus-Effekt 86
Basislinie 162
behinderte Drehbarkeit 49
— Durchdringung 86
β-Keratin-Struktur 128
Betrag der Doppelbrechung 69
— — Strömungsdoppelbrechung 68
Beweglichkeit 101, 116
Bewegungsmöglichkeiten 181
Biegsamkeit 52
Binäre Wechselwirkungen 29
binäres Clusterintegral 52, 53
Bindungswinkel 48
Bingham-Verhalten 77
Biopolymere 160
Blattstrukturen 128
bleibende Deformation 178
Boltzmannsches Superpositionsprinzip 170
Braggsche Beziehung 102, 129
Brechungsindex 134, 145
Brechungsinkrement 109
Breite der kristallinen Bereiche 130
Brownsche Bewegung 63, 68
Bruchvorgang 182

Cabannes-Faktor 113
chemische Bindungen 2
Chemisches Potential 13
Chiralität 119
Chiralitätsangaben 125
cholesterisch 160
Chromophore 117
Circulardichroismus 119, 120
circularpolarisiertes Licht 120
cis-Stellung 126
cis-trans-Isomerie 124

Clausius-Clapeyron-Gleichung 27
Cluster 143
Copolymere 2
Cotton-Effekt 120
Couette-Anordnung 68
Coulombsches Gesetz 100

Dämpfer 172
Dampfdruck 14, 25
Dampfdruckerniedrigung 26, 33
Debye-Bereich 104
Deformation 166
Deformationsdoppelbrechung 135
Deformationsgeschwindigkeit 52, 57, 166, 167
Deformationsversuch 164
Dehnungsdeformation 153
Depolarisation 113
Diaden 125
Dichte 138
Dichte-Gradient 98
Dichteschwankungen 110
dichtgepackte Systeme 107
Dielektrizitätskonstante 101
Differenzthermoanalyse 162
Differentialkalorimetrie 162
differential scanning calorimetry (DSC) 162
differentielle Verteilungskurven 82
— Viskosität 81
diffuser Untergrund 130, 131
Diffusion 87, 89
Diffusions-Koeffizient 89, 91, 97, 115
Diffusionskonstante 115
Diffusionszellen 92
Dilatometer 139
dilatometrisch 143
dilatant 77
Dipolmoment 99, 100
Dipolwechselwirkung 2
Dipolwechselwirkung, induzierte 2
Dispersionen 8, 76
Dispersionsgebiete 164, 165
Dispersionskräfte 2
Dissipations-Funktion 34
doppelbrechend 68
Doppelbrechung 134
Dopplereffekt 115
Drehungswinkel 119
Dreieckdiagramm 41
dritter elektroviskoser Effekt 73

DTA 162
Durchdringungsgrad 86
Durchschußlänge 108
dynamische Messungen 168
— Steifheit 52
— Versuche 164
dynamischer Schermodul 168

Ebullioskopie 27
effektives Volumen 62
Eichmessungen 65
Eigendoppelbrechung 134
Einfriertemperatur 162
Einfrierwärme 146, 163
eingefrorene Flüssigkeit 146
Einkristalle 3, 136
Einpunktsmethode 59
Einsteinsche Formel 61
elastisch 55, 77
elastische Streuung 102
— Flüssigkeit 173
elastischer Festkörper 163
Elastizität der Netzwerklösungen 86
Elastizitätsmodul 51, 148, 153, 154, 164, 166
Elastizitätstheorie 153
elastoviskoser Festkörper 164
Elastoviskosimeter 87
elektrische Doppelschicht 71, 101
elektrokinetische Vorgänge 87
Elektronendichtedifferenz 106
Elektronenspin Resonanz-Spektroskopie 122
Elektrophorese 99, 100
elektrophoretische Beweglichkeit 101
elektrostatische Abstoßungsenergie 75
— Abstoßungskräfte 71
elektroviskose Effekte 73
Endgruppen 1
endotherm 20, 40
endotherme Übergänge 162
Endpunktabstand 45
Energieelastizität 148
entanglements 77
Entmischung 37
Entropieelastizität 51, 54, 148
Entropieproduktion 34
Entropie-Schermodul 85
entropische Rückstellkraft 52
erster elektroviskoser Effekt 73
Erweichungsbereich 159, 164

Erweichungsgebiet 165
ESR-Spektroskopie 122
exotherm 20, 40
exotherme Übergänge 162
Extinktion 117
Extinktionskoeffizient 117
Exzess-Entropie 19

Fällung 36
Fällungsmittel 41
Faltblattstruktur 128
Faltungskristallite 136, 137
Faltungslänge 136
Feder 172
Fehlstellen 130
fester Zustand 123
Festigkeit 182
Fibrillen 137
Ficksches Gesetz 89, 91
Filtrationskoeffizient 35
Flaschenhals 183
Flaschenhalszone 137
Fließen, stationäres 175
Fließaktivierungsenergie 79
Fließbereich 163
Fließfläche 78
Fließgebiet 165
Fließgleichgewicht 33, 34
Fließgrenze 77, 183
Fließformen 78
Fließkurve 78, 80
Fließtemperatur 163, 164
Fließvorgänge 55
Flory-Huggins Theorie 22
flüssige Kristalle 159, 160
flüssiger Zustand 163
Flüssigkeiten vom Netzwerk-Typ 76
Fluidität 79
Fluß 34, 88
Formänderungsarbeit 183
Formdoppelbrechung 134
Fraktionierte Fällung 40, 41
Fraktionierung 36, 41
Fransenkristallit 136
Fransenmicelle 136
frei durchspülte Knäuel 64
freie Drehbarkeit 48
— Enthalpie 149
— — der Mischung 13
— Kettenenden 147, 154, 185
— Mischungsenthalpie 15

freie Radikale 122
freies Volumen 146
Fremdionen 71, 76
Frequenzverbreiterung 115
Frontfaktor 150, 158
Fugazität 14

Ganghöhe 127
gauche 126
gedeckt 126
Gefrierpunktserniedrigung 26, 27, 33
Gegenionen 71
geladene Teilchen 71
Gellösung 3
Geschwindigkeitsgefälle 56, 57, 60, 68, 69, 70, 80
gestaffelt 126
gestreckte Länge 45
Gewichtsbruch 5
Gewichtskonzentration 61
Gewichtsmittel 4
Gibbs-Duhem Gesetz 25
Gittermodell 16
Gitterplätze 128
Gitterstörungen 139
Gitterzelle 128
Glas 3, 163
Glastemperatur 145, 147, 159, 160, 162, 171
Glasübergangstemperaturen 147
Glaszustand 3, 144
Gleichgewicht 141
Gleitfläche 72
Grenzviskositätszahl 58, 61, 69, 73, 76
— bei starren Partikeln 61
— von Knäuelmolekülen 64
GVZ-Werte 66
Griffithsche Theorie 184
Grundbaustein 1, 2
grundmolare Absorptivität 117
gummielastische Eigenschaften 159
gummielastisches Plateau 165
gummielastischer Zustand 148
Gummielastizität 148, 160
Guinier-Bereich 104
Guiniersche Auftragung 104
gutes Lösungsmittel 52, 65

Häufigkeitsverteilung 4
Hagenbach-Couette Korrektur 57
Hagen-Poiseuillesches Gesetz 57

189

Halbwertsbreite 130
Hauptsatz, erster 155
Helix 1
helixartige Strukturen 49
Helix-Konformationen 127
Henrysche Funktion 101, 102
Henrysches Gesetz 25
Heteroketten 2
heterotaktisch 125
heterotaktische Triaden 125
Hetoropolare Bindungen 2
Hildebrandsche Löslichkeitsparameter 21
höhere Ordnung 131
höhere Orientierung 133
hochelastisch 148
hochgequollenes Gel 40
Hochpolymere 1, 2
Hochpolymere, statistische 2
hochverdünnte Lösung 44
Hookesches Gesetz 153, 166
hornartig 160
Huggins-Gleichung 58
Huggins-Konstante 58
hydrodynamisch wirksames Volumen 62
hydrodynamische Kräfte 68
— Länge 45

Idealentropie 17
Idealknäuel 66
ideale Lösung 9, 13
— Membran 36
— Mischungsentropie 16
idealer Gummi 149, 156
imperfekte Kristallite 139
Impulsfluß 56
Impulstransport 55
induziertes Dipolmoment 99
Information tragende stereospezifische Copolymere 7
inhärente Viskosität 59
innere Energie 19
— Reibung 56
— Spannung 135
Intensität 129
Interferenzerscheinungen 103, 106
Interferenzkreise 132
intrinsic viscosity 58
Invariante 107
Ionenatmosphäre 101
Ionenkräfte 2

Ionenstärke 71, 73, 75, 76, 101
Ionenwolke 71
Ionomere 2
IR-Bereich 119
IR-Spektren 119
IR-Spektroskopie 116, 140
irreguläre Lösung 13
Irrflugprinzip 45
isoelektrischer Punkt 102
isoionisch 76
Isoketten 2
isotaktisch 125
isotaktische Struktur 124
— Triaden 124, 125
isotroper Brechungsindex 134

Kalorimeter 161
kalter Fluß 183
Kapillarviskosimeter 57
Kerben 184
Kernmagnetische Resonanz-Spektroskopie (KMR, NMR) 121
Kettenbeweglichkeit 140
Kettenmoleküle 2
kinetische Kettenlänge 7
Kleinwinkel-Interferenzen 133
Kleinwinkel-Lichtstreuung 112
Kleinwinkelstreuung 103
Knäuel 49, 65
Knäuelausdehnung 70
Knäueldichte 64
Knäueldimension 47
— aus der Grenzviskositätszahl 66
Knäuelmolekül 64, 65
Knäuelmoleküle 1, 31, 43, 60
Knäuelvolumen 52
Knickdiagramme 84
kohärente Sekundärstrahlung 102
Kohäsionsenergiedichte 21, 142
kolligative Eigenschaften 26
kolloidale Dimensionen 103
kompakte Kugel(n) 61, 65
— Teilchen 43
Kompressibilität 167
Konfiguration 123
Konfigurations-Isomerien 123, 124
Konformation 123, 126
— von Knäuelmolekülen 44
Konformationsentropie 18, 22, 54
Konformativ 126
konservative Absorption 113, 118

konservative Streuung 102
Konsolut-Temperatur 38
Konstanten zur SMH-Gleichung 66
Konstellationswechselzeit 52
konsumptive Absorption 113, 118
Kontinuitätsgleichung 89
Kontourlänge 45
konventionelle Viskositätszahl 58
Konzentration 8
Konzentrationsfluktuationen 115
Konzentrationsschwankungen 110
Koordinationszahl 19
Kopf-Schwanz-Isomerie 123
Kopplungsgrad 6
Kopplungskoeffizienten 35
Korrelationsfunktion 114
Korrelationslänge 114
Kraft 34
Kraft-Dehnungs-Diagramm 182
Kriechkomplianz 168
Kriechversuch 164
Kristall 3
Kristallgitter 128
Kristallin 3, 123, 131
Kristallinität 123
— von Polymeren 131
Kristallinitätsbestimmung 138, 140
Kristallinitätsgrad 119, 131, 132
Kristallinitätsindex 131, 138, 139, 140, 142
Kristallinitätsmessung 140
Kristallisation 143, 157, 159
Kristallisationsgeschwindigkeit 144
Kristallisationskinetik 143
Kristallisationswärme 159
Kristallite 3, 132, 135
Kristallitachse 133
Kristallitbreite 130
Kristallitgrößen 132, 142
Kristallitgrößenverteilungen 130
Kristallit-Schmelzpunkte 143
Kritische Opaleszenz 113, 114
— Temperatur 38, 114
— Werte 38
Krümmungspersistenz 48, 49, 105
Kryoskopie 27
Kugelsuspension 62
Kuhnscher Ersatzknäuel 46

Lambert-Beersches Gesetz 113, 117
Lamellen 136, 137
Langperioden-Interferenzen 133

Laser beat spectroscopy 115
Leistungs-Spektrum 115
Lichtstreuung 103, 109
Limiting viscosity number 58
Lineare Viskoelastizität 166
lineares Fließen 56
Linienverbreiterung 116, 130, 132
Löslichkeit 43
Löslichkeitsparameter 142
Lösungsenthalpie 12
Lösungstypen 12, 44
Lorentz-Profil 115

magnetisches Moment 121, 122
Makro-Ionen 71
Makrokonstellationswechselzeit 52
Makromoleküle 1
—, vernetzte 2
—, verzweigte 2
Massenverteilung, differentielle 4
—, integrale 4
Martins-Gleichung 58
Martins-Konstante 58
Maschenweite 84
master curve 171
Materialtypen 183
Maxwell-Modell 173
Maxwellsche Konstante 69
mechanische Eigenschaften 185
— — von Polymeren 185
— Modelle 172
— Spektroskopie 178, 180
mehrfache Maxwell-Modelle 181
Mehrkomponenten-Systeme 40
Mehrkugelviskosimeter 60
Membrane 161
Mcrc 1
mesomorphe Phasen 159
mesomorphe Zustände 158
Mesophasen 158, 159, 160
mikrobrownsche Bewegung 146, 148
Mikrokonstellationswechselzeit 52
mikrokristallin 3, 135
Mikrotaktizität 125
Millersche Indices 129
Mischung 8
Mischungsentropie 12, 15
— bei Polymeren 17
Mischungswärme 19
mittlere quadratische Verschiebung 90

mittleres Schwankungsquadrat der Elektronendichte 108
Moden 181
Molalität 8
molare Absorptivität 117
— Rotation 119
— Schmelzenthalpie 141
— Verdampfungsenergie 20
Molarität 8
Molekülknäuel 45
Molekülsegmente 43
Molekulargewicht 1, 3, 4, 26, 45, 105, 107
— der Grundeinheit 1
Molekulargewichtsbestimmung aus der Grenzviskositätszahl 65
Molekulargewichtsverteilung 4, 41
Molenbruch 5, 8
Molvolumen 146
Monomere 2
Mono-meres 1
Morphologie 135

Nachgiebigkeit 167
Nadelbereich 105
Näherungsformeln 82
nahwirkende Kräfte 150
Nebenvalenzen 2
nematisch 160
Netzbogengewicht 84, 122, 154, 165
Netzdiagramm 60
Netzebenen 128
Netzebenenabstand 129
Netzwerk-Lösungen 43, 44, 76, 79, 87, 122
Netzwerk mit behinderter Durchdringung 86
— — freier Durchdringung 86
— ohne Durchdringung 86
—-Segmentdichte 85
Netzwerke 2, 43, 77
NMR-Absorption 140
—-Spektroskopie 119, 124, 140
—-Spektrum 121
Newtonsche Flüssigkeiten 56, 81
Newtonsches Gesetz 56, 166
Newtonscher Bereich 81
nicht Newtonsches Fließverhalten 56
Normalspannung 70, 86, 166
Normalspannungsdifferenz 69

Oberflächenenergie 184
offene Systeme 34

Opaleszenz 114
optisch aktiv 125
— anisotrop 134
optische Anisotropie 69
— Doppelbrechung 134
— Rotationsdispersion 119
— Schwebungen mit Laserlicht 115
optisches Intensitätsspektrum 115
Orientierung 68, 100, 134
— der Kristallite 132
Orientierungsdoppelbrechung 134, 135
Orientierungsfaktor 133, 135
Orientierungskraft 99
Orientierungswinkel 133, 134
Osmometer 28
Osmose 28
osmotischer Druck 26, 28, 33
— Koeffizient 36

Packungsdichte 146
Parakristalle 130
parakristalline Phase 139
paramagnetische Stoffe 122
partielle freie Enthalpie 13
— Größen 9, 10
— molare Mischenthalpie 22
partielles Molvolumen 10
Partikellösungen 43, 44, 55, 87, 122
PD-Kennkurven 82
Permeabilität osmotischer Membranen 33
Persistenzlänge 47, 48, 105
phänomenologische Koeffizienten 57, 88
Phasenregel 40
Phasentrennung 36, 37
Phasenübergang 145
Phasenübergänge 158, 159
Phasenverschiebung 169
Photometrierung 133
plastisch 160, 183
plastische Kristalle 160
Platzwechselfrequenz 146
Platzwechselkonzept 79
Platzwechselsprünge 79, 83
Poise 56
Poisson-Verteilung 6
Poissonsche Konstante 167
Polarisation 111
Polarisationsfaktor 113
Polarisationsmikroskop 134
Polyaddition 2
Polydisperse Makromoleküle 112

Polydisperse Polymere 95
— Systeme 107
Polydispersität 4, 112
Polyelektrolyte 71
Polyelektrolyteffekte 75, 76
Polymer 1
Polymerisation 2
Polymerisationsgrad 1
polymerhomologes Gemisch 4
Polykondensation 2
Polymolekularität 4
polymorphe Übergänge 159
— Umwandlungen 160
polyphasische Struktur 123
Potentiale 88
Potenzgesetz 83
primäre Keimbildung 143
Proportionalitätsgrenze 183
Protonenresonanz 121
pseudoideal 32
pseudoidealer Zustand 54

quadratischer mittlerer Endpunktsabstand 45
Quasielastische Streuung 115
Quellung 8
Quellungsgrad 108

Raoultsches Gesetz 25
Reale Knäuel 52, 67
reduzierte Intensität 106
— Meßgrößen 30
— Streuung 113
— Viskosität 58
reguläre Lösung 13
Reibungsfaktor 83, 89
Reibungskoeffizient 97
Reibungskonstante 57, 89
Reibungskraft 57, 87
Reichweite der Molekularkräfte 115
Reißdehnung 183
Reißfestigkeit 183, 185
Reißkraft 183
Reißmaschine 182
relative Viskosität 58
Relaxation 174
Relaxationsfunktion 52
Relaxationsmodul 168, 178
Relaxationszeit 52, 122, 175
Relaxationszeit-Spektrum 179, 180, 182
Restdeformation 178

retardierte Elastizität 176
Retardationszeit 176
Retardationszeit-Spektrum 180
reversible Dehnung 148
reziproker Radius der Ionenatmosphäre 71
Rheologie 55, 76
Rheopexie 77
rheoptische Methode 70
Richtungspersistenz 48
Röntgen-Feinstrukturanalyse 103
Röntgenkleinwinkelstreuung 103, 132
Röntgen-Strukturanalyse 123, 128
röntgenographische Dichte 139
Rotationsdiffusionskonstante 63, 70, 116
Rotationshemmung 47
Rotationswinkel 48
Rouseche Theorie 181
Rückgrat 2
Rückstellkraft 148, 149
rücktreibende Kraft 49, 50, 51, 149, 155

scharfe Interferenzen 131
scheinbares statistisches Fadenelement 47, 85
scheinbare Viskosität 78, 80
Scherabhängigkeit 78
Scher-Komplianz 167
Schermodul 70, 86, 87, 154
Scherspannung 166
Scherersche Formel 130
schief 126
schlechte Lösungsmittel 65
Schmelze 163
Schmelzen 76, 78, 79
Schmelzbereich 142, 160
Schmelzenthalpie 142, 145
Schmelzentropie 141
Schmelzpunkt 138, 141, 142, 145, 159, 165
— der Kristallite 159
Schmelzpunkterniedrigung 141
Schmelzwärme 159
Schubdeformation 166
Schubmodul 164, 166
Schubspannung 55, 56, 69, 80, 166
Schubviskosität 166
Schulz-Flory-Verteilung 6
Sedimentation 87, 93
Sedimentationsgeschwindigkeit 94
Sedimentationsgleichgewicht 96, 97
Sedimentationsgrenze 95

Sedimentations-Koeffizient 94, 97
Sedimentationskonstante 95
Segmentbeweglichkeit 142, 144, 145, 146, 148
sekundäre Dispersionsbereiche 159
sekundäre Dispersionsgebiete 146
Selbstdiffusion 93
Selektivitätskoeffizient 34, 36
semipermeable Membran 28
Semipermeabilität 33
Sequenz 2
Sicheln 132
Siedepunkterhöhung 26, 27, 31, 33
smektisch 160
SMH-Gleichung 64, 65
Spannungen 153, 166
Spannungsdoppelbrechung 135
Spannungskonzentration 184
spannungsoptische Beziehung 69
spannungsoptischer Koeffizient 69
Spannungs-Relaxation 174
Spannungstensor 166
Speichermodul 169
spektrale Breite 115
Spektroskopie im sichtbaren Bereich 117
spezifische Absorptivität 117
— innere Oberfläche 108
— Rotation 119
— Viskosität 58
— Wärme 145, 161
spezifisches Volumen 138, 139, 143, 145
Sphärolite 137
Sphärolit-Textur 137
spröd 183
spröder Bruch 183, 184
Standardpotential 13
starre Stäbchen 65
stationärer Ungleichgewichtszustand 34
Statistische Copolymere 7
statistisches Fadenelement 47
Statistische Polymere 7
Staudinger Index 58
steife Moleküle 51
Stereochemie 120
stereospezifisch 2, 124
Stereospezifische Polymere und Copolymere 7
Stereospezifität 119
sterisch geordnet 2
Streckung 151
streuendes Volumen 111

Streufunktion 111, 112
Streukraft 108
Streukurve 103, 109
Streumassenradius 103, 104, 107, 112
Streuwinkel 102
Streuung 102
— der Röntgenstrahlen 128
— von Licht- und Röntgenstrahlen 102
— von sichtbarem Licht 109
Strömungsdoppelbrechung 68
Struktur von Netzwerklösungen 83
strukturviskos 77
Strukturviskosität 80, 81, 161
Substitutionsgrad 118, 119
Superknäuel 110
Superknäuelstruktur 110
Superpositionsprinzip 178
Suspensionen 8
Svedberg 94
Svedberg-Gleichung 95, 97
syndiotaktisch 125
syndiotaktische Struktur 124
— Triaden 125

Taktizität 121, 124
Teilchenfluß 96
Teleskopfließen 183
Temperaturabhängigkeit 79, 146
— des osmotischen Druckes 29
— der Viskosität 80
Tempern 133
ternäres System 41
ternär Wechselwirkungen 29
Thermoanalyse 161
Thermodynamik irreversibler Prozesse 34, 87
— von Lösungen 11
Thermodynamische Betrachtung der Gummielastizität 155
— Wahrscheinlichkeit 16
— Zustandsvariablen 11
thermoelastische Inversion 156
Thermogramm 162, 163
thermomechanische Kurven 147, 163, 164
thermo-rheologische Messungen 146
θ-Lösungsmittel 32
θ-Punkt 54, 113
Theta-Temperatur 32
θ-Zustand 32, 54
Thixotropie 77
Torsionspendel 164

trans-Kette 49
Translations-Diffusionskonstante 115, 116
Transportgleichung 56
Transport im elektrischen Feld 99
Transport-Koeffizient 88, 93
Transportkonstante 96
Transportvorgänge 87
trans-Stellung 126
Triaden 121
Trübung 113
Trübungspunkt 39
Tyndall-Korrektur 118
Tyndall-Streuung 113
Typen von Polymer-Lösungen 43

Übergänge 159
Überstruktur 110
Ultrazentrifuge 93
Umrechnungsfaktor 107
Umsatz 6
Umwandlungspunkte 163
Umwandlungspunkte 1. Ordnung 162
Umwandlungspunkte 2. Ordnung 145, 162
Umwandlungswärmen 163
undurchspülte Knäuel 64, 65
Uneinheitlichkeit 6, 107
unelastische Lichtstreuung 115
unendliches Netzwerk 43
ungestörte Dimension 47, 53, 67
universelle Konstante 67
unterkühlter Zustand 144
UV-Spektroskopie 116, 117

Valenzwinkel 45–46, 48
verdünnte Lösung 3, 8
Verbreiterung von Spektrallinien 115
Verhängungen 77, 83
Verhängungsbruch 86
Verhängungsnetz 43
Verhängungsnetzwerk 149
Verhakungen 77, 148
Verknäuelung 47, 148
Verknäuelungskraft 49
Verlustmodul 169
Verlustwinkel 169
Vernetzungen 148
Verschiebungsfaktor 171
Verschlingungen 77
Versprödungstemperatur 147

Verstrecken 137
Verstreckungen 148
Verteilungsfunktion 4
Verteilungskoeffizient 41
Verteilungsparameter 43
Verzweigungen 2
Virialentwicklung 15, 29, 30
Virialkoeffizienten 15, 30, 31
viskoelastische Flüssigkeit 164
Viskoelastische Modelle 172
Viskoelastizität 166
viskose Deformation 55
— Flüssigkeit 163
Viskoses Fließen 87
Viskosität 55, 56, 57, 78, 79
— des Lösungsmittels 57
Viskositätsfunktion 57
Viskositätskoeffizient 56
Viskositätsmittel 65
Voigt-Modell 176
Volumenbruch 8, 18, 61
Vulkanisation 148

Wachstum 143
Wärmebewegung 63
Wahrscheinlichkeitsfunktion 49
wahrscheinlichste Gestalt 49
— Verteilung 5, 112
Wasserstoffbrücken 2
Wechselwirkungsenergien 19
Wechselwirkungsparameter 23
Weichmacher 147
Weissenberg-Effekt 86
weitreichende Kräfte 53
Weitwinkelbereich 133
Wendepunkt 81
Winkelabhängigkeit der abgestreuten Intensität 103
— der Streukurve 105
WLF-Gleichung 172
worm-like model 47

Youngscher Modul 154

zäh 183
zäher Bruch 183, 184
Zahl der Verhängungen 85
z-Mittel Zahlenmittel 4, 4
Zellenmodell 86
Zetapotential 72, 73, 102
Zeitabhängigkeit 78

195

Zeit-Temperatur-Superpositionsprinzip 170
Zickzack-Kette 46
Zickzack-Struktur 128
Zimm-Diagramm 111
Zimm-Theorie 181
Zug 164
Zugdeformation 166
Zugfestigkeit 183
Zug-Komplianz 167
Zugspannung 153, 166

Zugviskosität 166
Zusatz-Entropie 19
Zustand 3
—, flüssiger 3
—, gummielastischer 3
—, plastischer 3
Zweiphasenmodell 131
Zweiphasennäherung 139
zweite Persistenzlänge 110
zweiter elektroviskoser Effekt 73
— Virialkoeffizient 55, 110 112

Chemie

M. Becke-Goehring, H. Hoffmann

Vorlesungen über Anorganische Chemie:
Komplexchemie
Teilweise mitbearbeitet von K.-Chr. Buschbeck
Mit 104 Abbildungen
VIII, 245 Seiten. 1970
(Heidelberger Taschenbücher, Bd. 72) DM 18,80
ISBN 3-540-04873-1

Es gibt viele Werke über Komplexchemie, aber kein modernes, das -wie das vorliegende- ganz von dem chemischen Verhalten der Verbindungen ausgeht und die Zusammenhänge zwischen diesem, der Struktur und dem physikalischen Verhalten entwickelt. In knapper Form wird ein Überblick über die Phänomene geboten. Die Ordnung und Deutung des Phänomenologischen werden durch die Theorie gezeigt. Das Buch eignet sich für den Chemiker, der noch nicht mit den Problemen und Ergebnissen der Komplexchemie vertraut ist, ebenso wie für den Biologen, der sich Problemen der Komplexchemie gegenübersieht. Eine moderne, leicht fassliche und doch wissenschaftlich exakte Zusammenfassung, die es bisher nicht gab.

Z.G. Szabó
Anorganische Chemie
Eine grundlegende Betrachtung
Mit 16 Abbildungen und 20 Tabellen. VIII, 159 Seiten
1969. (Heidelberger Taschenbücher, Bd. 63) DM 14,80
ISBN 3-540-04556-2

Jeder Chemiker muß sich im Lauf seines Studiums eine große Stoffkenntnis aneignen. Deshalb ist es wichtig, sorgfältig die Daten herauszusuchen, mit denen er sein Gedächtnis belastet. Es ist nicht nötig, für jede Verbindung die physikalischen und chemischen Eigenschaften zu beschreiben, es ist sicherlich sinnvoller, sich diese aus grundlegenden Parametern abzuleiten. Es ist Ziel dieses Taschenbuchs, eine geeignete Auswahl aus denjenigen Gesetzmäßigkeiten zu treffen, aus denen solche Deduktionen möglich sind.

Preisänderungen vorbehalten

**Springer-Verlag
Berlin
Heidelberg
New York**

Chemie

W. Bähr, H. Theobald
Organische Stereochemie
Begriffe und Definitionen
XV, 122 Seiten. 1973
(Heidelberger Taschenbücher,
Bd. 131) DM 16,80
ISBN 3-540-06339-0

In den letzten Jahren sind in der organischen Stereochemie viele Begriffe neu geprägt und einige ältere neu definiert oder modifiziert worden. Sie zu sammeln und möglichst kurz wiederzugeben, ist das Ziel dieses Buches. Die Sammlung umfaßt 89 Hauptbegriffe mit ca. 300 Definitionen in alphabetischer Reihenfolge. Der Schwerpunkt liegt auf Definitionen der statischen Stereochemie. Das Buch ist für alle diejenigen bestimmt, die sich rasch über stereochemische Begriffe und Definitionen informieren wollen. Es wendet sich also nicht nur an Studierende und Studierte der Chemie, sondern auch an Biochemiker, Molekularbiologen, Biologen und Mediziner.

D. Hellwinkel
Die systematische Nomenklatur der Organischen Chemie
Eine Gebrauchsanweisung
VIII, 170 Seiten. 1974
(Heidelberger Taschenbücher,
Bd. 135) DM 14,80
ISBN 3-540-06450-8

Es wird gezeigt, wie man chemischen Verbindungen eindeutig und international verständliche Namen zuordnet, beziehungsweise wie sich aus Verbindungsnamen die Konstitutionsformeln ergeben. Da sich jetzt auch die deutschen Chemie-Zeitschriften auf die von der IUPAC entwickelte systematische Nomenklatur festgelegt haben, wird niemand mehr ohne entsprechende Grundkenntnisse auskommen können, sei er Chemiker, Biologe, Mediziner oder Physiker.

D.F.H. Wallach, H. Knüfermann
Plasmamembranen
Chemie, Biologie und Pathologie
Mit 31 Abbildungen.
XIV, 240 Seiten. 1973
(Heidelberger Taschenbücher,
Bd. 132) DM 18,60
ISBN 3-540-06360-9

Nicht für Biochemiker und Mediziner, sondern im interdisziplinären Rahmen wird dargelegt, welchen Aufbau und Eigenschaften biologische Membranen besitzen und welche Verknüpfungen zu krankhaften Vorgängen bestehen. Das Buch beschäftigt sich vor allem mit den Plasmamembranen. Jene Gebiete, auf denen sich eine Verbindung der Membranbiologie mit den schnellen Fortschritten der Molekularbiologie, Biochemie und Biophysik abzeichnet, werden hervorgehoben. Die Plasmamembran wird als dynamisches Mosaik funktioneller Einheiten, eine Ansammlung verschiedenster Organellen an der Zellperipherie, angesehen.

741 Literaturangaben zeigen nicht nur die Bedeutung dieses neuen Konzeptes, sondern gestatten das Eindringen in die Details der wissenschaftlichen Literatur.

Preisänderungen vorbehalten

**Springer-Verlag
Berlin
Heidelberg
New York**

MIX
Papier aus verantwortungsvollen Quellen
Paper from responsible sources
FSC® C105338

If you have any concerns about our products,
you can contact us on
ProductSafety@springernature.com

In case Publisher is established outside the EU,
the EU authorized representative is:
**Springer Nature Customer Service Center GmbH
Europaplatz 3, 69115 Heidelberg, Germany**

Printed by Libri Plureos GmbH
in Hamburg, Germany